岡潔の時代の数学の回想

紀見峠を越えて

高瀬正仁

萬書房

紀見峠を越えて　目次

紀見峠を越えて　5

紀見峠を越えて

紀見峠駅。平成 24 年著者撮影

一　紀見村へ

春の日の紀見村行

数年前のある春の日に、満開の桜の中を、紀見峠を越えて和歌山県に入ったことがある。紀見峠を越えるとそこは橋本市の北端で、昭和三十年に橋本市と合併する前は和歌山県伊都郡紀見村と呼ばれていたところである。紀見村は数学者岡潔の故郷である。

ぼくは京都奈良方面を旅行中であった。多少の目的をもっての旅だったが、みな次々と不調に終っていった。つらいことの打ち続いたころであった。本来の旅はもうおしまいだったが、うつうつとして立ち去りがたかった。そのようなとき、紀見村行が心に浮かんだ。ずっと以前から絶えず胸中を去来していた紀見村行だったが、なぜかしら、このときを措いては実行に移す機会は永遠に失われてしまうように思われた。

前日の午後、堺（大阪府）から南海電鉄高野線に乗り、天見駅で降りた。その夜は駅前の天見温泉で一泊した。当日の朝、団体のおばさんたちにまざって朝食をすませてから、紀見峠に向かって歩いていくと、やがて登り口とおぼしい地点に出た。ぼくは峠越えの間合いをはかるべく「いっぷく」という名前の喫茶店に入り、窓辺にすわった。眼下には故郷の渡良瀬川（群馬県）の風景に似た渓流が流れていた。ふるさとを遠のいてすでに久しかったが、その代わりにこうして岡潔の故郷を訪ね行くのも何かの縁のように思われた。実際、ぼくは深いえにしで岡潔と結ばれていた。岡潔はぼくの心が絶えず帰り行く故郷、かけがえのない人であった。

だが、岡潔に寄せるぼくの感情の形態は尋常一様ではありえなかった。ぼくは岡潔をだれよりも尊敬しつつ、同時にいくぶんかの嫌悪感の伴うやりきれなさを感じていた。憧憬とともに敵愾心をさえ抱くこともあった。そうしてなによりも、錯綜とした感情の海の底にはつねに、深い憐憫の情が横たわっていたように思う。だが、さまざまな感情の累積を組み立て直して言葉を与えようとすると、なすすべもないままに、いつも途方に暮れてしまうのであった。

一時間後、ぼくはとぼとぼと峠越えに取り掛かった。何時間かかるものやら見当もつかなかった。紀見村に出かけて、さてそれからというほどの思案も皆無だった。曇りがちの中に薄日が射していたが、どこかに雨になりそうな気配があった。

数学という不思議な学問に魅せられたのは高校に入学してまもないころであった。偉大な数学者たちの伝記や、とうてい理解の及ぶべくもない高等数学の本を書店で手にとってながめては、われもまた数学者たらんと決意を新たにした。伝記に登場する数学者たちはみなヨーロッパの人で、わけても十九世紀から二十世紀初頭にかけてのドイツ人がめだっていたような印象がある。日本の数学者にはついぞお目にかからなかった。ときおり「和算《わさん》の大家《たいか》　関孝和《せきこうわ》」（上毛《じょうもう》カルタの「わ」の読み札。上毛は群馬県の古名。関孝和は一説に群馬県藤岡の出身という）などが姿を見せたが、和算は西洋の数学とは異質であり、似て非なるものなのではないかという感じがあった。

数学者たらんと志しつつも、さてどのようにしたならガウスやリーマンのようになれるのかしらんと思いをはせると、にわかに不安が萌すのであった。大学には数学科があるが、そこには今もガウスやリーマンのような数学者たちがいるのであろうか。日々勉強しつつある高校の数学をどこまでも延長していけば、ついにはポアンカレやヒルベルトが理解できるようになるのであろうか。このような疑問の数々はたわいのないものばかりではあったが、当時はみな切実をきわめた大問題であった。ぼくは解決の手掛かりを求め、書店や図書館に出かけては、長時間にわたって模索を続けた。そうしてついに待望して久しい「日本の世界的数学者」を発見した。それが岡潔であった。

ある日、ぼくは行きつけの本屋（群馬県桐生市のミスズヤ書店）の店頭の新刊書コーナーで岡潔の自伝『春の草　私の生い立ち』（日本経済新聞社）を手に取って、奥付の著者略歴を一瞥し、この人が京都帝大出身の数学者であること、「多変数解析関数論」の研究によって学士院賞、朝日賞、文化勲章などを受けた人であることを知ったのである。高校一年の秋、（満年齢で数えて）十五歳のときの出来事であった。岡との縁はこのように始まり、以来二十年を経た今日にいたるまで一時もとぎれることなく続いている。ぼくは休むことなく数学の勉強を続けたが、数学のどのような分野を勉強していても、心の中にはつねに岡がいた。そうして大学院で岡の数学論文集を読むにいたり、ついに多変数解析関数論は数学の領域でのぼくの専攻分野になったのである。真に驚くべきことに、十五歳の秋の日のあの瞬間に、生涯に及ぶ深い結縁《けちえん》が成立していたのであった。

生涯略記

岡潔の故郷は紀見峠だが、生地は大阪で、明治三十四年（一九〇一年）四月十九日、大阪市東区島町二丁目二十番屋敷というところで誕生した。父は坂本寛治《さかもとひろはる》という人で、紀見峠の岡家の三男に生れたにもかかわらず坂本姓を名乗っていた。そこで岡潔ははじめは「岡潔」ではなく、「坂本潔」としてこの世に生を受けたのである。母は八重さんという人であった。

坂本寛治は明治五年一月四日の生れで、明治三十四年の時点で数えて三十歳である。「岡」を放棄したのは兵役を免れるためであった。一家の長子は兵役を免除されるという、明治初期の兵役制度の盲点をつく措置で、全国各地で普通に行われた。これに対応して明治政府の側でも制度を変え、長子の兵役免除を撤廃し、新たに一年志願兵という仕組を打ち出した。一定の学歴のある資産家の子弟にのみ与えられた特権の一種であり、志願して一年間の兵役を終えれば陸軍少尉に任官させて予備役に編入するという制度であった。

坂本寛治は紀見峠から東京に出て明治法律学校を卒業し、一年志願兵を志願して課程を終え、明治二十七年十二月一日付で予備役の陸軍歩兵少尉に任官した。その後、岡が生れる一年前、明治三十三年四月一日付で後備役に編入された。この時期は日露戦争前夜ではあったが、まだ軍務についていたわけではない。予備役、後備役の将校というのは職業軍人とは違い、平時は民間にあって職についているが、戦時になると召集を受け、予備役、後備役部隊の将校になり、前線に出て中隊、小隊を指揮するという決まりになっていた。実戦で大量に不足する下級指揮官を補おうとするところに、一年志願兵制度のねらいがあったのである。

明治三十七年四月、日露開戦に伴い坂本寛治は召集を受け、大阪城内に本部のある第四師団所管の後備歩兵第三十七連隊に所属した。それまで大阪でどのような仕事をしていたのか、詳しい消息はわからない。これに応じて坂本家は郷里の紀見峠に引き上げることになり、数えて四歳の岡は母の八重さんに連れられて、祖父母の待つ紀見峠にもどった。こうして紀見峠は岡の真の故郷になったのである。九月九日、妹の泰子さんが生れた。紀見峠には八重さんの実家の北村家もあったから、泰子さんもまた紀見峠で生れたのである。

入学した小学校は紀見村の柱本《はしらもと》尋常小学校であった。第二学年の二学期から再び大阪に出て菅南《かんなん》尋常小学校に転校したが、六年にあがるときまた柱本尋常小学校にもどり、卒業した。粉河《こかわ》中学から京都の第三高等学校に進み、大正十四年、京都帝国大学理学部を卒業し、同時に京大講師を嘱託された。まもなく新設の広島文理科大学の教官予定者に決まり、赴任に先立って、昭和四年春、文部省在外研究員の資格で洋行した。行く先はフランスで、師事するのはソルボンヌ大学の数学者ガストン・ジュリアであった。

昭和七年春五月、帰国して広島に向かい、広島文理科大学の助教授に就任したが、昭和十三年六月、休職して帰郷し、昭和十五年、復職する機会のないまま依願免本官という形をとって退官した。休職から辞職へと向かう一連の経緯にはどこかしら謎めいたところがあり、さまざまな風説が流れている。紀見村では岩波書店の風樹会《ふうじゅ》や三高の同期生谷口豊三郎からの経済援助や資産の切り売りで日々の生活をしのぎつつ、孤高の数学研究に身を投じた。この紀見村時代の生活の様相は知られるところが少なく、今に伝わるさまざまな伝説の揺籃期でもある。昭和二十四年、三高京大時代からの友人の秋月康夫の斡旋で奈良女子大学に職を得て、伝説の時代はひとまず終焉に向かった。

岡の数学研究は多変数解析関数論に捧げられた一筋の道であった。公表された論文はみなフランス語で書かれていて、「多変数解析関数について」という通し標題をもち、第一報「有理関数に関して凸状の領域」、第二報「正則領域」というふうに、通し番号と、論文ごとのテーマを明示する副題が書き添えられていた。昭和三十六年、この時点までに書かれたわずかに九篇の論文を併せて、岩波書店から美しいフランス式装幀の数学論文集が刊行された。ようやく二百頁をこえるにすぎない小さな論文集だが、ここには数学史上はじめて開かれた「多変数解析関数論」という分野のすべてがおさめられていた。このような事柄もまたにわかには信じがたく、不可解と思わないわけにはいかなかった。

岡がこの世にお別れしたのは昭和五十三年三月一日であった。この日未明午前三時三十三分、春一番の嵐が吹き荒れる中、息を引き取ったという。前夜、すなわち二月二十八日夜、まだしたいこと、せねばならぬこと、たくさんあるが、明日の朝はもういのちがないだろうなあ、とつぶやいたのが最後の言葉として語り伝えられている。「おやすみ」と言って目を閉じて、それきりになったとも言われ、「解けない問題がふたつあったな」とつぶやいたという証言もある。東京からかけつけて最後を看取った妹の泰子さんのお話によれば、「どうもありがとう、どうもありがとう。もう遅いから泰子ももうおやすみ」と言って少し眠り、それから眼を覚まして、「ほんとうにありがとう。明日の朝はもういないだろう。おやすみなさい」と言ったという。春一番に乗って天上に登っていったみたいで、死に方も教えてくれたように思った。紅梅の花が三輪咲いたのを見て、切ってきてくれ、というのでその通りにした。その紅梅を見ながら亡くなった、というのが泰子さんの回想である。数えて七十八歳。満年齢は七十六歳と十箇月であった。

岡の生涯はいかなる小部分といえどもおろそかにはできず、しかも尋常の手段をもってするのではとうてい理解しえないように思われた。謎の多い、不思議な人生を送った人であった。

晩年の著作

晩年の岡は多くの著作や対談、講演を通じて宗教的色彩の濃い独特の思索を展開した。一番はじめに世に出たのは、『春宵十話《しゅんしょうじゅうわ》』（毎日新聞社）というエッセイ集で、毎日新聞紙上に連載された「春宵十話」を中心にして、昭和三十八年二月十日付で単行本として刊行された。このとき岡は数えて六十三歳である。『春宵十話』はたいへんなベストセラーになって版を重ね、刊行後まだ五箇月足らずの七月六日、岡は訪ねてきた愛読者の栢木喜一《かやききいち》に、第十三版が出て六万五千部売れた、という話をしたという。昭和四十四年、角川文庫に入り、昭和四十七年には改訂新版が刊行された。

『春宵十話』を皮切りに、以後次々とエッセイ集の刊行が続いた。岡は「世間を持ち込まない」という唯一の信条を看板にして数学研究に打ち込んできた人だが、『春宵十話』の成功を機に積極的に世間に出て行く道へと転じたかのようであった。岡の語る声に耳を傾ける読者もまた多く、熱心なファンが絶えなかった。

昭和三十九年にはまず講談社現代新書の形で第二エッセイ集『風蘭』が刊行され、次いで朝日新聞社から第三エッセイ集『紫の火花』が出た。昭和四十年、『春宵十話』と同じ毎日新聞社から、第四エッセイ集『春風夏雨』が刊行された。刊行後は『春宵十話』の場合とよく似た経緯をたどり、昭和四十五年に角川文庫に入り、昭和四十七年には改訂新版が刊行されている。昭和四十一年、再び講談社から第五エッセイ集『月影』が刊行された。これも現代新書である。同年秋には自伝『春の草　私の生い立ち』（日本経済新聞社）が出版されたが、この作品は自己を素材にしたエッセイ集と見るべきであろう。これを第六エッセイ集として、翌昭和四十二年、三たび講談社現代新書の形で第七エッセイ集『春の雲』が刊行された。

昭和四十二年にはこれまでの作品を編集して、早くも講談社からアンソロジー『日本のこころ』が編まれている。この本は息が長く、昭和四十三年、講談社名著シリーズの一冊として再刊され、昭和四十六年には講談社文庫に入った。岡の没後、岡の作品はことごとく絶版になり、古書店でなければ手に入らない時期が長く続いたが、講談社文庫版の『日本のこころ』は一番最後まで市場に出ていた本であり、岡の没後もしばらくは購入可能であった。アンソロジーはもう一冊、編まれている。それは『心といのち』（双書「わが人生観」の第一巻）という本で、昭和四十三年に大和書房から刊行された。昭和四十七年、大和出版販売から新装第一版が出た。

昭和四十三年には、まずはじめに第八エッセイ集『一葉舟《ひとはぶね》』（読売新聞社）が刊行され、第九エッセイ集『昭和への遺書　敗るるも　またよき国へ』（月刊ペン社）、第十エッセイ集『日本民族』（月刊ペン社）と続いた。昭和五十年、『日本民族』『昭和への遺書　敗るるも　またよき国へ』の二冊の新装版が出版された。

昭和四十四年には、アンソロジーをこえて、『春宵十話』以来のエッセイ集を集大成して、学習研究社から全五巻の作品集『岡潔集』が刊行された。保田與重郎が各巻の巻末に「解題」を書いている。第五巻に講演記録が収録されているのが目新しいが、この昭和四十四年には単独の講演集『葦牙《あしかび》よ萌えあがれ』（心情圏）も刊行された。ついで同じ昭和四十四年、講談社現代新書の形で、第十一エッセイ集『曙』と第十二エッセイ集『神々の花園』が出た。『神々の花園』は公刊された最後の作品である。

対談集も二冊、刊行されている。昭和四十年、新潮社から『対話　人間の建設』が刊行され、ベストセラーになったが、これは小林秀雄との有名な対談の記録である。『小林秀雄全集』に収録されているので、今も読むことができる。岡の没後すぐ、昭和五十三年三月二十日付で新装版が刊行された。昭和四十三年の『心の対話』（日本ソノサービスセンター）は林房雄との対談集である。

すべてを概観すると昭和三十八年から昭和四十四年まで、わずか七年の間にエッセイ集十二冊、アンソロジー二冊、対談集二冊、講演集一冊、作品集一揃という膨大さである。そのほかに一巻の数学論文集『多変数解析関数について』（昭和三十六年。岩波書店）がある。この書物には第一論文から第九論文までの九篇の論文が収録されたが、刊行後の昭和三十七年に公表された第十論文を加え、昭和五十八年、同じ岩波書店から増補版が刊行された。没後五年目のことであった。

エッセイ集の刊行は昭和四十四年の『神々の花園』で終ったが、岡自身にはなお続篇の構想があったようで、昭和四十五年はじめ、『流露《りゅうろ》』というエッセイ集を書き上げて講談社に送付した。これまでそうしたように現代新書の一冊に加えてもらう考えだったが、それまでの五冊の現代新書の売り上げが次第に落ち気味になっていたためであろう、出版を断わられ、原稿は送り返されてきた。

情緒の数学

公刊された著作のほかにも岡と接触した人々の見聞録の類《たぐい》は無数である。ぼくは雑誌や見聞を通じて心がけて収集につとめたが、にわかには信じがたい奇怪なエピソードも満載されていて、全体的な把握を妨げた。著作に現れている思想の流れからして異様であった。最初の著作『春宵十話』こそ、いかにも超俗の孤高の数学者の天降言《あもりごと》という感があった。飄逸な味わいがあり、しみじみと感銘が深かった。

やがて岡は数学観を語り、教育を論じた。岡の数学観は「数学は情緒の表現である」というまことに特異なものであった。岡は、「数学の研究はどういうことをしているかといいますと、情緒を数学という形に表現しているのです」（『風蘭』）と語っている。ここで言われている「情緒」は「こころ」と同じものだが、これについて岡は、

私はこころと言うと、何だか色彩が感じられないように思ったから、「情緒」という言葉を選んだのである。

（『紫の火花』所収「情緒」）

と述べている。この「情緒」という言葉は岡の思想の中核に触れるキーワードであり、あらゆる著作を通じて、この言葉をめぐって行きつもどりつしながら実に百万言が語られているというほどである。

古今東西を通じて、ぼくはいまだかつてただの一度もこのような数学観に触れたことはなかった。数学史に登場する大数学者たちの数学もやはり情緒の表現なのであろうか、という疑念も萌し、に

わかには信じがたかった。現に今、世界中で研究され、公表されている数学の論文の中で情緒が表現されているようにも思えなかった。高校や大学でも、数学が情緒の表現であるとは教わらなかった。しかしこのような素朴な疑問はいつまでも疑問のままにとどまり続け、明確な根拠を提示することはできないままであった。

するとまた新たな疑問が発生した。岡潔に固有の数学観には、その特異な姿形から見て、普遍性が伴っているとは言えないであろう。それでもなお岡潔が創り上げた数学は世界の数学界を驚かせ、受け入れられたと言われている。どうしてそのようなことが起りうるのであろうか。どのようにしたなら解くことができるのやら、見当もつかない大問題であった。

なによりもはじめになさなければならなかったのは岡の数学論文集に直接あたって研究することであった。そうして岡が「情緒を数学という形に表現している」という言葉を口にするときの、「数学」という言葉の実体を明らかにしなければならなかった。それには数学史を形成する大数学者たちひとりひとりの諸論文に虚心坦懐に接し、数学史の流れをありのままの姿で心に思い描くことができるようになればよいにちがいないと思われた。歴史の流れのただ中に岡とその論文を置いて、どのような位置を占め、どのような姿に見えるのかを観察すればよいからである。こうして膨大な勉強が課されることになった。

情緒

次に「情緒」という言葉の指し示す事柄の実体を把握しなければならなかった。これには途方に暮れたが、かすかな手掛かりがないわけではなかった。岡は宗教的情操に深い思いを寄せようとした人であり、わけても光明主義という、山崎弁栄《やまざきべんねい》上人が始めたお念仏の信奉者であった。弁栄上人は明治大正期に浄土宗門に出た人であるから、お念仏は「南無阿弥陀仏」と唱えるのである。岡による「情緒」という言葉の説明はどうやら光明主義の立脚点からなされているように思われた。それなら仏教を研究して、仏教の歴史の中でとりわけ浄土教の流れに着目し、光をあて、なお一歩を進めて光明主義に及ぶという道筋をたどっていけば、あるいは「情緒」の真相が体得されるのではないかと思われた。こうして仏教の勉強が加わった。

困難な事態ではあったが、その一方では、ぼくは数学の勉強が進展していくのにつれて不快感の伴う失望が増大していくのをおさえられなかった。次第に眼前に開かれていく数学の世界の風景には殺伐とした空気が充満し、さながら砂漠のようであった。高校生のころ魅せられた数学は砂漠ではないはずであった。しかし現に学びつつある数学が、「数学」という観念のもとに普遍的に諒解されている正真正銘の数学であることに疑いをはさむ余地はない。それならぼくは勝手な思い込みにみずからをあざむかれ、生涯の道を決定しようとしているのであろうか。ぼくはこの疑念に絶えず悩まされ続けたが、悩みが頂点に達しようとするといつも、岡の言葉が思い出されるのであった。

「情緒の表現」という数学のいかなるものかは依然として不明瞭であった。しかし少なくとも岡が開いた数学的世界の風光は砂漠ではないように思われた。

昭和三十七年といえば、九篇の論文をおさめた数学論文集が出版された年の翌年のことになるが、この年、岡は連作「多変数解析関数について」の第十番目の論文

「擬凸状領域を創り出すひとつの新しい方法」

を、「日本数学輯報」（学術研究会議の数学部門の機関誌）に掲載した。序文に今日の数学の傾向への言及があり、岡はこんなふうに語っている。

この序文では技術上の細部には立ち入らずに、私がこの論文を書き終えて感じていることを説明するために、遠い昔から日本民族に固有の感情である季節感に訴えたいと思う。今日の数学の進展には抽象に向かう傾向が見られる。われわれの研究分野においてさえも、諸定理はますます一般的になり、それらのうちのいくつかは複素変数の空間から離れてしまった。私はこれは冬だと感じた。私は長い間、もう一度春がめぐってくるのを待ち続けた。そうして春の気配を感じさせてくれる研究を行ないたいと思った。この論文は一番はじめに摘まれた果実である。

ぼくの「砂漠」は岡の「冬」に通じていた。岡の「春」は群馬県のぼくの故郷の春なお浅いころ

の山村風景を思い起させた。あるいはまた、泉の湧く緑野と深い森を連想した。突飛なイメージだが、十九世紀のドイツ文学風の心象風景であった。そのような世界こそ、ぼくが垣間見たと信じて魅せられた数学の姿にちがいなかった。岡の数学はぼくの心の最後の拠点になったのである。

やがて岡の著作は次第に深刻な憂国の心情の吐露というおもむきを帯び始めた。日本の現状に手厳しい批判を浴びせ、日本民族が絶えずそこに帰っていくべき本来の姿を明らかにしようとした。ぼくが目にした最後の著作はその名も『日本民族』という簡明直截なものだが、「新装版のまえがき」は次のような言葉で結ばれている。

かように人は不死である。この不死の人々が大昔から一緒に一つ心にとけあって住んでいる。それが日本民族である。

私達は明治以後西洋の謬った思想にかぶれてこのことがわからなくなってしまっていたのである。どうか一日も速く目覚めて、日本本来の文化を調べ、その歴史を明らめ、今や人類はその無知のために亡びようとしているように見えるのであるが、そして造化は日本民族にこれを救う使命を課しているように思えるのであるが、日本民族はこの使命のために結束して立ち上がって欲しいと思うのである。

こうして日本民族はついに人類救済の切り札になった。岡は民族主義者だったのである。『春宵十話』のころの飄々とした味わいはもう見られなかった。日本民族を人類救済へと向かわせるべくして叱咤激励するにいたった岡の変貌ぶりはまことに異様だった。しかしこのような変貌は決して唐突に現れたのではなかった。すでに数えて二十九歳のとき、フランス留学の途次、岡はシンガポールの波打ち際で一種の宗教的啓示ともいうべき不思議な体験をしたことを伝えている。それはよほど強烈だったようで、多くの著書を通じて何度も何度も繰り返して語っている。たとえばこんなふうである。

一九二九年の晩春、私は日本を発ってフランスへ渡るため、インド洋を船で回る途中、シンガポールで上陸して独りで波打際に立っていた。

海岸には高いヤシの木が一、二本ななめに海に突き出ていて、ずっと向うの方に床の高い土人の家が二、三軒あるだけの景色だった。私は寄せては返してうまない波の音に、聞き入るともなく聞き入っていたのだが、不意に何とも名状しようのない強い懐しさの気持にひたってしまった。これが本当の懐しさの情なのだといまでも思う。土井晩翠が「人生旧を傷《いた》みては、千古替らぬ情の歌」とうたったのも、この気持にほかならない。

この強い印象こそ、歴史の中核は詩だということを、また詩というふしぎな言葉の持つ内容の一端を、一番明らかにしてくれているのではなかろうか。私にはそう思われる。この中核を包む歴史の深層は、美しい情緒のかずかずをつらねる清らかな時の流れであり、そして私はごく幼いころ、私の父からそれを教えられたように思う。

（『春風夏雨』所収「春風夏雨」第三節「自己」）

このようなものが民族主義者としての岡の原体験であった。岡はこの体験を通じて「純粋な日本人」としての確かな自覚を獲得したのである。帰国後、岡は「純粋な日本人」の真の姿を明らかにするために、まず芭蕉とその一門を調べた。次に道元を研究した。そうして、「その後、私のしたことは、ざっと歴史に目を走らせ、純粋な日本人はどういう場合にどういう動き方をするかというそのいろいろな行為を印象に残すことで、これができればじゅうぶんだったのです」（『春の草　私の生い立ち』所収「日本人としての自覚」）というのであった。岡は古事記と万葉集に傾倒し、漱石と芥川に親しんだ。「純粋な日本人」を調べると、日本民族には「民族的情緒の色どり」があることがわかった。こうして「情緒」が発見された。岡の「情緒」は「日本民族の情緒」だったのである。すると、それがいかなるものなのかを知るためには、ぼくもまた独自に日本を研究して、その後の岡の言葉と比較し、検討を重ねていけばよいのである。こうして数学と仏教にもうひとつの勉強が加わった。

長い歳月にわたって悪戦苦闘を続けるうちに、さながら朝もやが晴れていくように「岡潔の世界」が姿を現していった。どうやらこういうことのようだった。岡は純粋な日本人としての自覚を通じて日本民族の民族的情緒の彩りを発見した。そうして情緒を数学という学問の形式で表現しようと志し、そのように数学を研究した。表現行為の実践のためには、情緒の姿をくっきりと浮かび上がらせて、ロゴス（言葉）を与えなければならないであろう。そのような実践の力として有効に作用したのが光明主義だったのである。

だが、最後になおひとつの困難が残されていた。情緒を数学の形で表現するというとき、その数学の理念は西欧に固有の文化現象であり、日本の学問ではない。すると岡の数学は、日本民族に固有の情緒を西欧に固有の数学という形に表現したものであることになりそうである。はたしてそのようなことが可能なのであろうか。また、たとえ可能であるとしても、そのように形成された数学はなお西欧的理念の数学の範疇に留まるのであろうか。岡もこの問いには何のヒントも与えていなかった。この最後のアポリア（困難な問い）だけは、独自に思索を積み重ねて、ひとりきりで解決しなければならないように思われた。

ただ一度の邂逅

ぼくは一度だけ、岡潔に会ったことがある。すでに十五年の昔の小さな物語である。東京で生活していたころ、大学に入学して三年目の年の昭和四十七年五月三日のこと、「憲法改正促進記念講演会」というビラが電柱に貼ってあるのが目にとまった。三人の招聘講師のうちのひとりが、「奈良女子大学教授岡潔先生」であった。会場は九段下の九段会館、主催者は日本学生同盟という民族派の学生運動の一派であった。あのころは世情が乱れ、日夜騒然として、左右両翼のさまざまな学生運動が入り乱れていた。昭和四十七年当時はすでに政治性を帯びた学生運動は下火に向かっていたが、こうして民族派が主催する講演会が行われる余地はなお残されていたのである。

岡の説く日本民族主義には元来、現実と直結する政治的色彩は欠如していたとぼくは思う。だが、岡の声は民族派の主張と通底し、民族派に集う学生たちの心情と共鳴したのであろう。数学者としての高い知名度が、こうしてしばしば意外な形で活用されていた。少しためらいもあったが、思い切って九段会館に足を運んだ。会場にあてられた講堂はほぼ満員だったが、最前列の端に空席を見つけてすわった。

ちょうど岡の講演が始まったばかりであった。壇上には、著作に出ていた写真で見たとおりの、ひどくやせこけた姿の岡がいた。声はぼそぼそとして聴き取りにくかったが、どうやら楠木正成、正行《まさつら》父子の桜井の駅の別れと、湊川《みなとがわ》の一戦を語っているようであった。憲法改正と関係があるようでもあり、ないようでもあったが、このとき岡はたぶん「日本的情緒」を説いていたのであろう。

講演が終了した後、講堂を出て通路の壁側に立っていると、主催者側の人たちとおぼしい十人ほどの取り巻きを引き連れて岡がやってきた。度胸を据えて近づき、早口で自己紹介をして、数学の話をうかがいたいという主旨の数語を口にした。岡は立ち止まり、ぽかんとした表情で聞いていたが、やがてそのままの顔つきで何事もなかったかのように歩きだした。これには意表をつかれたが、ぼくは意を決してついていった。するとお伴の人たちはたちまち引き離されて、二人だけの小さな世界が現れた。廊下を直進し、突き当たりを左折すればすぐに九段会館の玄関である。置き去りにされないよう早足で歩きながら同じ主旨のお尋ねを繰り返すと、岡は唐突に、

西洋は低い　日本は高い

と断定した。そうして言葉を継いで、「西洋なんか全然だめです」と言い添えた。

このひとことを皮切りに、突如として大演説が始まった。口をはさむいとまもないままにやがて玄関口に出ると、車が待っていて、多数の関係者（実際には十数人程度だったであろう。関係者も少数で、あとは聴講者たちだったと思う）がたむろしていた。車は、岡潔を宿泊先（岡潔の妹・泰子さんの嫁ぎ先、駒込千駄木町の岡田弘先生のお宅だったであろう）に送り届けるために、主催者側が手配したのである。岡潔は乗車する構えを見せて右足を車に突っ込み、半身を車外にさらすという恰好になったままの状態で演説を続けた。特にぼくに向かって話しているというふうではなかった。ぼくも他の人たちも、みな息を飲んで立ちすくんでいた。いつ果てるともしれない大演説だったが、ややあって主催者側とおぼしい人が「先生、もうそろそろ」とうながすと、それがおしまいの合図のように作用した。

岡が去ったあとは頭に霞がかかったようであった。今もなお一場の夢のようで、本当にあった出来事とは思えない。そうして「西洋は低い、日本は高い」という謎めいた呪文だけが余韻を響かせている。アポリアは拡散し、容易に収拾のつきそうにない様相を呈していた。

二　空手還郷《くうしゅげんきょう》

京大講師

岡潔は多くの著作を通じてみずからの数学上の発見を語り、繰り返し語り続けてうまなかった。それらはみな数学上の発見が今しも生起しようとする際の心の姿を描こうとする特異な試みであり、数々の神秘的な言葉が積み重なって形成されている。岡は天性の数学者であり、多彩な相貌が生々流転してやまない岡の世界の中核は「数学者の世界」である。

大正十四年三月、岡は京都帝大理学部を卒業し、同年四月一日付で京大講師を嘱託された。自伝風エッセイ『春の草　私の生い立ち』にこの時期の回想が描写されている。

私は京大を卒業すると、すぐに睡眠薬ジアールを服用し始め、一学期ほどの間に中毒患者になってしまいました。それで医者のすすめに従って、睡眠剤の服用はやめたが、そのやめた期間の一年の三分の二ほどが、私にとって非常に苦しい時期でした。そのとき、私は京大の習慣にならって非常勤講師になり、立体幾何の演習をしていましたが、一学期に出した問題には、なかなか独創的でおもしろいと自分でも思うものがあったのに、あとの二学期間と二年目とは、まるでお座なりのことをお座なりにやっただけだったのです。この期間、私の頭のなかの創造の働きは全部停止していたようです。（『春の草　私の生い立ち』所収「床屋でインスピレーション」）

この時期の岡の睡眠薬は、後年のコーヒーとともに有名だったようで、岡の友人の数学者、秋月康夫の回想中にそのような記述を見たおぼえがある。京都での学生時代、秋月が岡崎の下宿先に岡を訪ねると、日中にもかかわらずいつも押し入れに頭だけを突っ込んだ格好で寝ていたという。岡は徹夜で勉強を続け、明け方になると睡眠薬を飲んで強引に寝てしまったというのであるから、睡眠薬服用の習慣はすでに学生時代に始まっていたのであろう。ジアールという睡眠薬は毒性も強かったようで、太宰治の作品『人間失格』の主人公「葉蔵」が自殺をはかって大量に服用したのもジアールである。

学生の側から見た岡講師の姿は、たとえば湯川秀樹（物理学者）の自伝『旅人』（角川文庫）の中に活写されている。その様子はこんなふうである。

微分、積分の演習を担任していたのは、岡潔という若い講師であった。長兄の芳樹と三高で同級だったので、岡先生のうわさは、早くから聞いていた。大変な秀才―記憶力が恐ろしく強いという意味の秀才であると同時に、天才的な推理力を持った人だという評判だった。

岡氏の身なりは、しかし、大学の先生らしくなかった。背広の腰にきたない手ぬぐいをぶらさげている所は、まるで三高の応援団員みたいであった。入学早々出された演習問題が、また恐ろしく難かしかった。学生の知識の程度など全く無視したような問題であった。私たち学生は最初、途方にくれたが、そういう難しい問題にぶつかって行くことが、また私に一種のスリルを味わわせてくれることにもなった。

この湯川秀樹の回想は大正十五年・昭和元年（一九二六年）の授業風景である。この年、岡潔は京大講師二年目である。講師の仕事は演習で、演習には「微分、積分、微分方程式演習」と「立体解析幾何学演習」があった。講師一年目の大正十四年度は「立体解析幾何学演習」だったが、二年目は「微分、積分、微分方程式演習」を受け持った。グルサ（フランスの数学者）の教科書『解析教程』（全三巻）第一巻の演習問題をテキストにして、好んで難問を選んで学生に課したという。湯川は物理志望の理学部一年生で、同じく物理志望の朝永振一郎も岡潔の解析演習に出席した。湯川の長兄、小川芳樹は岡潔の三高同期生であり、三高三年生のとき、岡潔と同級（理科甲類一組）になった。

京大講師三年目と四年目の昭和二、三年度は三高講師も兼任した。三高では初年度の昭和二年度には立体幾何を教え、翌昭和三年度には解析幾何の授業を受け持った。長谷川徳平（昭和六年三高理科乙類卒業。後、東北大学教授）の回想記「思い出」に、この時期の三高講師「岡潔」の風貌が描かれている。

立体幾何など立板に水を流すようにノートの原稿を読んでいかれた。われわれは先生の天才的な風貌に惹かれた。昼休みの時間などに瞑想にふけりながら、中庭に円を描きつつ歩いておられた先生、どんな素晴らしい速度で数式が先生の頭脳の中を回転しているかと思った。昼間、押入れのなかに寝ておられて、夜に起きて勉強するという噂をきいたが、真偽はわからない…。

水たまりの光

昭和四年（一九二九年）春から昭和七年（一九三二年）にかけて、足掛け四年にわたるフランス留学中の思い出も数多く語られている。わけても次の出来事は際立っている。

初めに生きて会った人との交流をお話ししよう。在仏二年目である。私はサンジャルマン・アンレーに下宿していた。パリの北停車場からセーヌ川に沿って三十分程遡った所にある。私はその頃主としてここで勉強していた。或る曇り日の朝、私はソルボンヌへ急いでいた。

数学上の或る発見をしたから見て貰おうと思っているのである。数学教室のフレッシェ教授の部屋をノックする。この人を選んだのは非常に親切な人だからである。書いて行った数枚の紙を見ると教授は一寸待って下さいと言って私を待たせて置いて出て行った。暫くするとダンジョア教授と連れ立って帰って来た。私は机の前に座っていたのだが、ダンジョア教授はツカツカと私の横に来て、コントランジュというフランスの理学雑誌を半年分閉じ合わせた厚い本を机の上に乗せて、或る頁を開いて黙って指さす。見るとダンジョア教授自身の論文である。数行読むと私は耳までまっかになって、その本の上に顔を伏せた。勿論私の発見は間違っているのである。顔を上げて見ると、二人で何かひそひそ話し合っていたが、フレッシェ教授が私の所に来て、私の肩をやさしく叩いて、ダンジョア教授はこの方面の権威ですから、と言った。そしてうなずき合って黙って二人でどこかへ行ってしまった。扉は開けたままである。

街へ出て見ると、何時の間にか雨が降ったと見えて水溜りが光っていた。私は水溜りばかりを見て歩いて汽車に乗った。そうして落ちつくと私には初めてラテン文化の高い香りがわかって来た。私はこのとき初めてこの文化の高さがわかって来た。

（『昭和への遺書　敗るるも　またよき国へ』所収「敗るるも　またよき国へ」第九節「西の子の文化」）

これは一九三〇年（昭和五年）秋十一月ころの出来事で、岡がフレッシェ先生に見てもらおうと思った研究というのは、（多変数関数論ではなくて）一変数関数論の値《あたい》分布論であったであろう。本当はジュリア先生に見てもらいたいところだが、ジュリア先生はスウェーデンに出張中だったため、フレッシェ先生を選んだのである。フレッシェ先生は岡の友人、功力金二郎《くぬぎきんじろう》（数学者。中谷宇吉郎や吉田洋一と同じく、新設の北海道大学理学部の教官要員であった）の先生であった人である。

この話は数学研究上の失敗談であるだけにひときわ異彩を放っているが、岡はこれを文化交流が人を通じて行われるという事例として挙げているのである。しかも岡は後年、この失敗談をおりに触れては繰り返し、あのときほど恥ずかしかったことはなかったと語り、今後はとびきりの難問だけを手掛けると決意したと言い添えたという。

フレッシェとダンジョアから見れば岡の失敗は別段珍しいことではなく、留学生によくありがちな出来事に対してわずかな心遣いを示したにすぎなかったであろう。しかし岡は確かに、この経験を通じて、ラテン文化のエッセンスを伝授されたのである。道元の『正法眼蔵《しょうぼうげんぞう》』の「面授」を想起させるところもあり、そのほかにもさまざまな連想がわくが、いかにも不思議な出来事である。

空手還郷

フランスでは論文を二つ書いただけで、学位も取得しなかったが、ただ「ライフワークのための土地」を発見した。

私は数え年二十五で大学を出て、数えて二十九のとき文部省から経費を出して貰ってインド洋を廻ってフランスに向かった。私は習作的な論文を二つ書いていたのだが、まだ生涯をかけて開拓すべき、数学的自然の中に於ける土地が発見されていなかったから、それを発見する為にフランスに行こうとしていたのである。

（『昭和への遺書　敗るるも　またよき国へ』所収「敗るるも　またよき国へ」第九節「西の子の文化」）

私はここに住んで毎日数学教室附属の図書室へ通って、土地を探索し続けた。ギリシャに源を発し、イタリーからフランスに流れ入り、ラインの岸であふれて全欧州を濡した文化をラテン文化という。ところがフランスという国は、誠に不思議な国で、この流れが今日尚流れつづけてやまない。それでただクラゲのようにぽかぽか浮いてさえおれば流れはおのずから目的の岸に運んで呉れる。私もそうしているうちに、その学年中にライフワークとするに姿といい意義といい格好の土地へ運んでもらった。

それは三つの問題群の作る山嶽であって、頂に登らなければならないのだが、この問題の特徴は、この峰が出来始めて以来誰も第一着手を発見したことの無いことである。

（同右）

数学史を解析学の立場からみて、そこで一番大きな発見は何かというと、複素数というものの持つ性質の発見である。これが今日のように明らかになるためには、ごく主な人をあげてみてもデカルト、ニュートン、オイラー、ガウス、コーシー、これぐらいがいる。オイラー以後は、直接複素数を取扱っている。こうして一応、一変数解析函数論ができた。これをさらに完全にしたのがリーマン、ワヤーストラースの二人で、いずれも十九世紀の人である。ワヤーストラースの方が幾分あとになる。

このワヤーストラースは、多変数解析函数論を立てるには、一変数解析函数論さえ立てればわけはないと考えて、一変数解析函数論を立てることに骨折ったのだろうと思う。しかし実際立ててみると、一変数解析函数論と二変数以後のそれとの間には、非常な差があって、二変数以後のものは格段にむずかしいことがだんだんわかってきた。その困難の発見に携わった人たちをあげると、ファブリー、ハルトッグス、E・E・レビイ、ジュリア、H・カルタン、トゥルレンなどで、大体一九〇〇年のはじめから一九三二年くらいまでである。だから、私がフランスへ行ったときは、この特別な困難を乗越えなければ解析学は進まない、ということになっていたのである。問題の存在理由は明白だし、問題の困難さが非常に面白い。こうして私は、その多変数解析函数独得の困難を乗越えよう、と決めたわけである。

（『紫の火花』所収「すみれの言葉」）

いわば、ここに一つの大道がある。近きを数えてもデカルト、ニュートン、オイラー（以上十七世紀の大数学者たち）、ガウス、コーシー、リーマン、ワヤーストラース（以上十九世紀の大数学者たち）によって代表される解析学の大道は、その行くてを、高いけわしい山脈によってさえぎられている。この困難は年の順にファブリー（一九〇二）、ハルトッグス（一九〇六）、E・レビー、ジュリア、トウルレン、アンリー・カルタン（一九三二、これはエリー・カルタンの令息）によって、次第に明確にされたものである。

この山脈の向こうはどのような土地かはわからない。しかしこの山脈を越えなければ大道はここにきわまる。この問題の存在理由は、かようにも明らかである。

しかも困難の姿態が実に新しくかつ優美である。

のみならず、当面の問題は第一着手の発見であって、これはハルトッグス以後三十年近く、一口にいえばだれもまだ見いだしていないし、それ以前には、かようなことは問題になり得ない。私は私の部屋で深夜ひとり、この第一着手の発見という問題をじっと見て、この問題は私にも解けないかもしれないが、もし私に解けないならばフランス人にも解けるはずがない。それにこの問題は十中八、九解けないだろうが、一、二解けないとはいいきれない節がある。せっかくの一生だからそれでなければ面白くない。よしやってやろうと思った。まるで、

高い山から谷底見れば瓜や茄子の花盛り

私は結局ここをやり抜くのであるが、この呑んでかかるという一手以外何も使わなかったのである。日本民族三十万年の歴史はいたずらに古いのではなく、いわば心の中に高々たる山があるようなものだから、本当に真剣になればきっとここに登って見るし、そうすればどんなも

のでもこう見えてしまうのである。

（『一葉舟』所収「ラテン文化とともに」）

こうして岡はライフワークを多変数解析関数論の分野にみいだした。これがフランス留学の全成果であった。いわば岡はみずからがライフワークそのものになりきって、手ぶらで日本に帰ってきたのである。道元の「空手還郷」を思わせる話である。

上空移行の原理

帰国後、岡は第一着手の発見に全力を注いだ。最初の発見は昭和十年に生起した。

私は一九三二年に日本へ帰って、広島の大学へ勤めた。ずいぶんこの問題の解決の探求の邪魔になるのだが、洋行させてもらって、しかも一年延期してもらったのだから仕方がないのである。そのうち一九三四年の暮れになった。ドイツのベンケがトウルレンに手伝わせて多変数解析函数の分野の文献目録のようなものを出してくれた。

（『一葉舟』所収「一葉舟」）

……これはこの分野での詳細な文献目録で、特に一九二九年ごろからあとの論文は細大もらさずあげてあった。これを丸善から取り寄せて読んだところ、自分の開拓すべき土地の現状が箱庭式にはっきりと展望でき、特に三つの中心的な問題が未解決のまま残されていることがわかったので、これに取り組みたくなった。実はこのときは百五十ページほどの論文がほぼできあがっていたのだが、中心的な問題を扱ったものではないとわかったので、これ以上続ける気がせず、要約だけを発表しておいて翌三五年正月から取り組み始めた。

（『春宵十話』所収「春宵十話」第六話「発見の鋭い喜び」）

私は来る日も来る日も、学校の私の部屋に閉じこもって、いろいろプランを立てては、うまくいきそうかどうかをみた。日曜など、電気ストーブにスイッチを入れると石綿がチンチンチンと鳴って赤くなっていく。それと共に心楽しくなる。今日は一日近く自分のものだし、昨日まで一度もうまくいかなかったということは、今日もまたうまくいかないということにはならない。（『一葉舟』所収「一葉舟」）

……毎朝方法を変えて手がかりの有無を調べたが、その日の終りになっても、その方法で手がかりが得られるかどうかもわからないありさまだった。答がイエスと出るかノーと出るかの見当さえつかず、またきょうも何もわからなかったと気落ちしてやめてしまう。これが三ヵ月続くと、もうどんなむちゃな、どんな荒唐無稽《こうとうむけい》な試みも考えられなくなってしまい、それでも無理にやっていると、はじめの十分間ほどは気分がひきしまっているが、あとは眠くなってしまうという状態だった。

こんな調子でいるとき、中谷宇吉郎さんから北海道へ来ないかという話があり、ちょうど夏休みになったので招待に応じて、もと北大理学部の応接室だった部屋を借りて研究を続けた。応接室だけに立派なソファーがあり、これにもたれて寝ていることが多くて北大の連中にも評判になり、とうとう数学者吉田洋一氏の令夫人で英文学者の吉田勝江さんに嗜眠性脳炎というあだ名をつけられてしまった。

ところが、九月にはいってそろそろ帰らねばと思っていたとき、中谷さんの家で朝食をよばれたあと、隣の応接室に座って考えるともなく考えているうちに、だんだん考えが一つの方向に向いて内容がはっきりしてきた。二時間半ほどこうして座っているうちに、どこをどうやればよいかがすっかりわかった。二時間半といっても呼びさますのに時間がかかっただけで、対象がほうふつとなってからはごくわずかな時間だった。このときはただうれしさでいっぱいで、発見の正しさには全く疑いを持たず、帰りの汽車の中でも数学のことなど何も考えずに、喜びにあふれた心で車窓の外に移り行く風景をながめているばかりだった。

それまでも、またそれ以後も発見の喜びは何度かあったが、こんなに大仕掛なのは初めてだった。私はこの翌年から「多変数解析函数論」という標題で二年に一つぐらいの割合で論文を発表することになるが、第五番目の論文まではこのときに見えたものを元にして書いたものである。

（『春宵十話』所収「春宵十話」第六話「発見の鋭い喜び」）

このような経緯を経てついに第一着手が発見された。ここで語られている発見は「上空移行の原理」であり、岡のその後の全研究の礎石になったのである。

他方、この発見は、岡をうながして深い思索の世界へと向かわせた。岡の一連の思索は数学上の発見が起る際に働く智力の本性をめぐるもので、光明主義の立場で解釈された唯識の思想に依拠して繰り広げられているように思われた。ぼくはいつの日かきっと摩訶不思議な光を湛える岡の思索の世界に分け入って、四方八方を一望のもとに見渡せる目を獲得したいと思う。だが、その前になお、数学者「岡潔」の言葉を最後まで聞き届けなければならない。

インスピレーション型発見と情操型発見

岡は数学上の発見の型を二通りに分けて、一方を「インスピレーション型」と呼び、もう一方を「情操型」と呼んだ。アルキメデスやポアンカレの発見はインスピレーション型である。漱石の創作や芭蕉の俳句は情操型である。総じて西洋の文化はインスピレーション型であり、東洋の文化は情操型である。「上空移行の原理」の発見はインスピレーション型だが、やがて情操型発見に際会した。岡の言葉を聞こう。

数学研究の初めの頃は、私はインスピレーション型発見ばかりした。然しこれは情操型研究の上でインスピレーションを感じていたのである。

初めは、数学は西洋の学問だから、西洋にやり方を学んだことになって、こうなったのだと思う。段々研究に習熟すると共に、東洋本来の型である情操型発見が出るようになった。

私の多変数解析函数の研究には三つの難関があった。第一論文で突破したものと、第六論文で突破したものと、第七論文で突破したものとである。そのうち第一論文はインスピレーション型発見である。これは詳しく「一葉舟」にのべた。第六、第七論文が情操型発見である。これらについてお話ししようというのである。

第一論文を書いたときから私はこの第六論文の突破法について色々考えていた。これが研究本体であった。私はゆるゆる書きながら暗中模索を続けたのであるが、少しもわかって来ないうちに第五論文まで書いてしまった。いよいよこの難関を何とかして通らなければならぬ。

（『昭和への遺書　敗るるも　またよき国へ』所収「光の陣備え（教育）」第十一節「再び情操型発見について」）

第五論文までの標題は次の通りである。

一　有理関数に関して凸状の領域

二　正則領域

三　クザンの第二問題
四　正則領域と有理凸状領域
五　コーシーの積分

蛍狩り

岡の言葉が続く。

その頃日本は日支事変の最中で、国民精神総動員のやかましく言われている頃であった。私は広島の大学をやめて郷里の和歌山県で研究していた。

論文で言って、第五までと第六からとは、問題の型が違うのである。第五まではそうなることを言えというのであり、第六のものはそんな風に作れというのである。初めのものは函数論的であり、あとのものは解析学的である。

私は解析学におけるものの作り方を一応皆しらべた。そんな作り方は何もない。それで思った。今の数学の進歩の状態でこの問題を解けと言うのは、まるで歩いて海を渡れと言うようなものである。

そう思うと急に実際それがやって見たくなった。それで丁度台風の襲来が予報されていたから、台風下の鳴門の渦を乗り切ってやろうと思った。

それで大阪港から船に乗ったのだが、台風はそれて、まるで春のような海を見せて貰っただけである。

読む本もないままに年が変って螢の季節が来た。当時、もと紀見峠の上にあった私の家は軍用道路になってしまった為、私は峠を南に下りた麓の所に家を借りて、家内と子どもたち三人とで住んでいたのだが、毎夜一家総出で螢を取って来ては裏のコスモスの茂みに放してやり、昼は毎日土に木の枝でかいて、解析学の諸の作り方を、もう一度、きちきち調べ直して見た。そうしているうちに、段々要求されている作り方の性格がわかって来た。

それで、フレッドホルム型積分方程式論の冒頭の二頁程を残して残りを切り捨てて見た。この切り捨てるという操作がこの際絶対に必要なのである。

そうすると何だか使えるかも知れない、一つのものの作り方が出て来そうに思えたからそうして見たのであるが、それを実地に使って見ると果たしてうまく使えた。難関は突破されたのである。

(同右)

ここに言われている発見は「(クザンによる融合法を第一種と見て)関数の第二種融合法」(これは岡自身の命名である)であり、第六論文の根幹をなす補助的命題であった。第六論文には、

「擬凸状領域」

という簡潔な標題が与えられた。

岡がライフワークに選んだ数学の土地は「三つの問題群の作る山嶽」であった。三つの問題というのは「クザンの問題（第一問題と第二問題がある）」「関数の近似の問題」それに「ハルトークスの逆問題」と呼ばれるもので、しかもこれらは独立して存在するのではなく相互に親密な内的関連で結ばれていた。中核に位置するのはハルトークスの逆問題であり、他の二問題は手をたずさえてハルトークスの逆問題の解決に寄与する。岡は当初よりそのような構想を思い描き、もっとも一般的な形でハルトークスの逆問題を解くことを遠い目標に据えていた。第一論文から第五論文まで、一歩また一歩と足場を固め、関数の第二種融合法の発見により最終的な鍵を手にして、二個の複素数の空間内の単葉領域という限定された場合において、ハルトークスの逆問題の解決に成功したのである。

不定域イデアルの理論

はじめに選択された解決への道筋が本当に目的地に通じているか否かは判定不能であり、実際に歩みを運んでみるまではわからない。はたして岡の構想は正鵠を射ていた。第六論文の成功こそ、その明白な証左であり、ひいては研究に着手するまでに練りに練られたであろう構想の豊かさを示して十分すぎるほどであった。しかしハルトークスの逆問題をより一般的な形で解くには、同じ構想から生れる同じ道筋を、いっそう堅固に構築しなおさなければならなかった。そこで岡はたどりきた道を点検した。

解決への道筋そのものは第六論文と同じであり、鍵をにぎるのは、第一論文に現れた上空移行の原理であった。第六論文の段階ではこの原理はまだ完全な形では確立されず、そのために第六論文の記述はいくぶん複雑なバイパスを迂回しなければならなかった。

第七論文に移る。私は中谷宇吉郎さんの御厚意で北大理学部から「理学部研究補助を嘱託す」という変った辞令を貰って札幌市に下宿して、何をしてよいかわからないから、功力教室の人達に詰将棋を詰めさせたり、ピアノを聞かせたりしていた。

冬の初めだったかと思うが、石炭ストーブのよく燃えている下宿の一室で十時頃まで寝ていると、下宿のおかみさんにあわただしく起こされた。行って見るとラジオが真珠湾攻撃を放送していた。私は、しまった。日本は亡びたと思った。

そして茫然自失していた。当時の私の心境を、次のある無名女流作家の歌がぴったり言い表わしている。

窓の灯にうつりて淡く降る雪を

思ひとだえてわれは見てをり

然し、やがて一億同胞死なば諸共の声に励まされて、それもよかろうと思って、数学の研究の中に閉じこもった。そしてある時期から後は、専ら次の研究テーマに没頭した。多変数解析函数の分野における不定域イデアルの研究。このテーマに関して、アンリー・カルタンが一つ非常に重要な結果を出している。然しほかに誰も研究したことを聞かない。

この研究は非常に面白かった。然しどうしても完成出来ないままで終戦になった。

……

終戦になると、それまで死なば諸共と言っていた同胞が、こともあろうに食糧の奪い合いを始めた。私は生きていることも死ぬことも出来なくなった。それで存在の地を仏道に求めた。

終戦後第三年目の五月頃、私は光明主義のお別時（註：別事念仏会《べつじねんぶつえ》の略称。特別の日時を定めてお念仏に専念すること）に就いた。五日泊り込みで修行するのである。

……

私は家に帰ると、また研究を始めて、毎日一時間程お念仏しながら、心の中に描いておいた不定域イデアルの姿を詳細に見直して行った。私の、自分の心の中を見る目は、驚くほどよく見えるようになっている。

そのうち、一次方程式の形式解の局地的存在を言う問題の所に目が止まった。前にはこの一区画を本当に見極めてはいない。

よく見ると、すぐにこの存在が言えた。証明は二頁位である。そうすると解きたいと思っていた問題は皆完全に解けた。研究は完成したのである。

私はあくまでも「是心是仏」派らしい。（同右）

第七論文の標題は、

「いくつかのアリトメチカ的概念について」


というものである。第六論文で一段落した岡の研究は明らかに転機を迎えていた。岡はハルトークスの逆問題の解決の道を探って雄大な構想を心に描いたが、やがてひとつの道筋が選択された。はたしてその道が目的地に通じているか否か、実際に歩を運んでみるまではわかりようがないが、ある特別の場合におけるハルトークスの逆問題の解決という第六論文の成功は、採用された道筋が正鵠を射ていたことを物語るとともに、ひいては研究に着手する以前に練りに練られた構想の豊かさを示して十分すぎるほどであった。

構想と道筋の確かさは紛れもない。実際に運ばれた足取りは確実にハルトークスの逆問題の部分的解決へと導いていった。だが、この問題をいっそう一般的な形で解決するには、同じ構想から生れる同じ道をもう一度いっそう堅固に構築しなおさなければならなかった。そこで岡はたどりきた道筋を仔細に点検し、中核を形作る問題群を浮かび上がらせて、基礎工事からやりなおそうとしたのである。こうして新たな歩みが運ばれ始めた。第七論文は、はるかに峻険な高峰をめざして設営された第一ベースキャンプである。

第七論文で報告された発見は、不定域イデアルをはじめとして新たに導入された諸概念の基礎的重要性と相俟って、疑いもなく数学の本質に触れるものであり、数学史に新生面を開くという質のものであった。この論文が日の目を見るまでの経緯にはいくぶん不思議なエピソードが伴っていた。岡の友人の秋月康夫の回想に耳を傾けよう。

敗戦直後の食糧困難に悩んでいるころだった。ボロ服に、風呂敷包を肩に振り分けた、岡潔君の久し振りの訪問を受けた。第一印象は〝彼もずい分と齢をとったものだ。まるで百姓のようだ〟ということであった。当時、無職であった同君は、家や田を売り、芋を栽培して糊口を養いつつ、多変数函数論の開拓に励まれてきていたのである。戦中芋畑から、層の概念の芽が、不定域イデアルの形で生み出されたのである。この論文は手記のまま、一九四八年渡米する湯川君に託されたが、角谷・Weil の手を経て、H. Cartan に手渡され、パリで印刷されるにいたったものである。

（秋月康夫『輓近代数学の展望』〈ダイヤモンド社、昭和四十五年〉所収「輓近代数学の展望〈続〉」の「序」。アラビア数字を漢数字にあらためて引用した。Weil はヴェイユ、H. Cartan はアンリ・カルタン。）

アンリ・カルタンに対しては岡は格別の親しみを感じていたようで、

……この数学者は、多変数解析函数の、当時まだまったく開拓されていなかった分野を、私と手を携えて開拓していた人であって、いわば三十年来の同僚である。

（『紫の火花』所収「春の水音」第三節「カルタン氏の訪日」）

と回想している。

比類のない深さを湛えた第七論文に続いて、驚嘆すべきほどに難解な第八論文

「基本的な補助的命題」

が書かれた。次いで、悠然とした長編の第九論文

「内分岐点をもたない有限領域」

が現れて、標題の領域においてハルトークスの逆問題が解決された。第六論文に比して、はるかに一般的な形での解決であった。

戦後まもなく、第七論文がフランスの学術誌（フランス数学会の会誌）に掲載されたころから、数

学者としての岡の名声はあまねく世界中に広がっていった。アンリ・カルタンは一九五一－五二年度のセミナーで多変数関数論を取り上げた。テーマは、岡の研究成果を整理整頓し、ひとつの体系にまとめて現代数学に提示することであった。それはフランスの若い数学者たちの協同作業を通じて成就され、やがて報告書が公表された。その報告書はその後の多変数関数論の礎石となり、それに基づいて世界の各地でテキストが書かれ始めた。多変数関数論はいつしか「岡・カルタンの理論」と呼ばれるようになっていった。そこには岡の名が冠せられたいくつかの定理があり、「岡の原理」さえあった。理解しやすい体系に組み上げられていることもあり、新たにこの理論を学ぼうと望む人たちはおおむねそれらのテキストを手にしたものであった。岡の論文集は難解とされ、次第に敬遠されるようになった。

だが、これはいくぶん奇妙な状況であった。あまつさえ、それらのテキストに見られる岡の理論は、紛れもなく岡の研究に由来するものでありながら、岡の論文集に照らすとなぜかしら似て非であるかのようであった。岡は自分の理論のいわば翻案が高い評価を伴いながら世界に流布していく状勢を目の当たりにして、大きなわだかまりを抱いていた。当時の岡の心情を伝えるいくつかのエピソードはそれぞれに岡の心情の一端を物語り、深い感慨を誘う。岡はたぐいまれな名声のさなかにあって、なお孤独であり続けているように思われた。

三　四日間の数学史

数学論文集

岡潔の数学論文集『多変数解析関数について』をいよいよ実際に読み始めたのは大学院に入学してからであった。もう遠い昔の日の出来事である。この勉強の体験は強い印象をぼくの心に刻み残した。心は激しく揺り動かされ、その振幅の大きなことはとうてい筆舌の及ぶところではない。それまでに多少とも耕し続けてきたぼくの数学の田畑は、巨大な嵐に襲われて、瞬時にして荒野になった。成長しつつあったわずかな作物は収穫の日の目を見ないまま壊滅した。ぼくはみずから求めて真に恐るべき暴風雨に無防備の心身をさらしてしまったのであった。

ところが破壊の後には創造の日々が訪れた。岡の論文集はひと粒の特異な数学の種子と化してぼくの心に播かれ、台風一過、早くも芽吹いたように思われた。何もかもはじめからやりなおしであった。

岡の論文集はすでに幾年も前から机上に置かれていた。大学受験の浪人時代、模擬試験を受けるため上京したおりに、ぼくは神田神保町の信山社（岩波書店の図書販売所）でこの小さな美しい書物を購入したのである。フランス式装幀で（岡の論文はフランス語で書かれていた）、ページをめくるのにペーパーナイフが必要だったが、それとなく心がけていて、あるときてごろなものを手に入れた。そのころは岡のエッセイ集や対談集にはくまなく目を通していて、わかりそうなところはわずかにわかるが、解釈をこえた数々の不思議な言葉はいつまでも不思議なままに残されているという状態であった。膠着状態を打破する唯一の手掛かりが数学にあることは明白であった。なぜなら岡の言葉の不思議さは、岡のさまざまな数学上の経験に根ざしているからである。

岡を理解するには数学の論文集を読まなければならない。論文集自体は机上を飾ってすでに久しく、ペーパーナイフも手元にあった。大学の教養課程の第二外国語にためらうことなくフランス語を選択したのも、この論文集の香気に誘われたからであった。だが、こうして着々と準備を整えながら、小さな美しい論文集は最初の数ページが切られたきりで、いつまでも敬して遠ざけられたままであった。

希望と願い

この間にもぼくはたゆまずに数学の勉強を続けていた。ぼくには願いがあった。ぼくは数学をまとまりのあるひとつの学問として諒解し、広々と広がる数学の広野の中で、岡の理論が占めるべき位置をこの目で確認したかったのである。ぼくは多変数解析関数論の数冊の代表的な教科書を入手して、苦心に苦心を重ねながら解読に努めた。だが、それにもかかわらず、岡潔自身の数学論文集に着手する記念すべき日の訪れは、風のそよぎほどの気配も感じられなかった。何かしら正体の不明な葛藤が心に生じ、ただちに岡潔の論文集を読めという悟性の声をさえぎるのであった。

多変数解析関数論がふたつあるわけもなく、読みやすく書かれたよい教科書がある以上、それで十分ではないか、という弁明ももちろん可能である。しかし今ではぼくは周辺の事情に通じている。このような弁明は疑いもなく煩悩の声である。真理を見ることを恐れる煩悩が小さな理性を使嗾《しそう》して組み立てさせたはかない詭弁こそ、その実体なのである。

岡の小さな数学論文集は未見の新世界を開く扉であった。垣間見れば、茫漠と広がる暗黒の空間が無限の彼方へと伸展しているかのように思われた。少なくともこの世界は、現に今、勉強しつつある現代数学（一九二〇年代に起り、二十世紀を支配した数学の潮流）とは根本的に異質のようであった。だが、それと同時に、あるいは何かしらすばらしい世界が開かれて、そこにはぼくの心が真に渇望してやまない何ものかがみいだされるのではあるまいかという予感もあった。ぼくが求めるものは現代数学の中には見つからないような気がする。しかしまだないと決まったわけではない。岡の論文集の中にはありそうな予感がある。しかしはじめからあるとわかっているわけではなかった。そうしてひとたび飛び込んでしまったなら、全域にわたって探索しつくすまでは二度と浮かび上がることはできないであろう。ついに巨大な徒労に終るかもしれない試みであった。これまで積み重ねてきた勉強のすべてが水泡に帰してしまう恐れもあった（はたしてこの不安は的中し、水の泡になってしまった）。やってみなければわからないことで、まずは賭博の一種、運を天にまかせようとする行為であった。心の中に、ためらいがあらしめた隙間が生れていた。そこで煩悩はその隙に乗じて、危ない橋をわたるなとささやいたのである。

ところで、ぼくの願いはおのずともうひとつの希望に通じていた。ぼくは数学者「岡潔」を数学史の流れに位置づけて、ガウスやアーベルやリーマンのような数学者たち、高校生のころ、数学への憧憬をかきたてられた幾多の巨人たちと同じ舞台の上で観察したかったのである。願いは空間的であり、希望は時間的であった。ぼくは両者を連結する親密な内的関連の存在を信じ、現代数学の広がりを遠くまで見わたせるようになればなるほど、おのずと歴史的認識も深まっていくであろうと信じていた。だが、ぼくは根本的に誤っていた。ぼくの願いとぼくの希望は本当は無縁であり、今日の数学の勉強や研究は数学形成の歴史的経緯とはまったく無関係に成立するのである。これはおそらく、学問は陸上競技や競泳の記録のように単調に進歩するという錯覚であり、単調進歩主義に由来する誤解であったと今は思う。学問には確かにそのような側面が存在する。一般に科学技術と呼ばれるものの基本的性格の色合いは、たとえば航空機のスピードアップやコンピュータの演算速度の加速化の傾向などにはっきりと見て取れるように、つねに単調進歩主義的である。この考え方は、より速く走るとか、より遠くに投げるとか、あるいは各種の試験でより高い得点を取るというような何かしら単純明快な目標が設定されたときに気楽に成立し、人の心を呪縛して、行為を規制する。ひとたび目標が定まれば、単調な進歩へと向かう意欲は目標をめがけて盲目的な努力を重ね、達成される日まで歩みはやまないであろう。今日では学問、芸術、政治、教育等々、驚くほど広範な分野においてこの思想が生きていて、ぼくらの住むこの世界の諸相を支配しているのである。

数学もまた例外ではありえない。単調進歩主義的な考え方に基づいて考察をめぐらせば、現代数学は数学史上最高の発展段階にある道理であり、その中には過去のいっさいの数学が包摂されているのである。古典の学習は不要である。現代数学に精通しさえすれば、全数学史への道はおのずと開かれていくはずだからである。そうしてその現代数学は現に今、進展しつつあり、ぼくはそれを身につけるべく懸命に勉強を続けていた。ぼくは数学を科学技術の一種のように考える習慣に取り巻かれ、明確な自覚を欠いたまま、おろかしい錯覚に心を奪われていたようである。

だが、錯覚はどこまでも錯覚にすぎず、単調進歩主義はたわいのない迷妄にすぎない。数学は決して連綿と紡がれ続ける一筋の糸なのではなく、数学の世界でも、文芸や思想や美や音の世界と同様に、相当に大きな周期をもちつつ数学的世界の本体そのものが変遷し、変容するように思う。岡の数学論文集が開示する新世界に身を投じ、ぼくははたして苦境に陥ったが、さながらその代償であるかのように、数学の全体像を照らす明るい光源が見つかった。岡の論文集に教えられて数学史に開眼し、数学の諸相とその変遷というダイナミックな歴史的現象を識別することができるようになったのである。

四日間の数学史

ぼくは四日間の数学史の構想を提示したいと思う。ひとまず通説にしたがって数学史の黎明を古代ギリシアに認めることにして、これを第一日目の数学と呼ぶことにするならば、今日の数学は第四日目の数学である。数学はギリシア時代からこのかた、一転、二転、三転して今日にいたっている。

十七世紀に発生した第二日目の数学には、ギリシアの数学のヨーロッパ世界での復興と見るべき性格が備わっている。一般的なルネッサンスの傾向と軌を一にする現象であり、ニュートン（イギリス）の流率法とライプニッツ（ドイツ）の無限解析の発見は、二日目の数学を象徴する出来事であった。思いつくままに列挙すれば、パスカル、デカルト、フェルマ（フランス）、ベルヌーイ兄弟（兄のヤコブと弟のヨハン）、オイラー（スイス）、ウォリス、ブラウンカー（イギリス）、ラグランジュ（イタリアのトリノに生まれ、ベルリン時代を経てフランスで活躍した）、ラプラス、ルジャンドル、コーシー、フーリエ（フランス）等々、すぐれた数学者の名前が次々と念頭に浮かぶ。イギリスのニュートン、ドイツのライプチヒに生れたライプニッツ、スイスのバーゼルに生れ、ペテルブルクとベルリンの科学アカデミーで活躍したオイラーの後、オイラーの遺産を継承したラグランジュがフランスに移ったころを境目にして、十八世紀の終りから十九世紀のはじめにかけて、数学の中心地は次第にフランスに収斂していった。数学的自然を見る目には近代科学的な自然観が感知されるのも、この時期の数学の特徴を際立たせている。

三日目の数学の創始者はガウスである。ガウスとともに誕生し、ガウスの継承者たちの手で十九世紀の全体を通じて展開して二十世紀に及び、二つの世界大戦にはさまれる時代に終焉した。ガウスの数学的遺産の継承者はアーベル、ヤコビ、アイゼンシュタイン、ディリクレ、クンマー、クロネッカー、リーマン、ヴァイエルシュトラス、デデキント、ヒルベルトと連綿と続いていく。アーベルはノルウェーの人だが、ガウスの影響をもっとも色濃く受けた数学者である。他の人々はみなドイツ人である。フランスのエルミートとポアンカレにもガウスの影響が及んでいるように思う。全体に高い理想主義が脈打って、数学的自然を見る目はいつもロマンチックである。

二日目の数学と三日目の数学の根底に横たわる数学的自然観の色合いの相違は際立っている。ぼくは比喩をもって語りたいと思う。そこで今、「水とは何か」と端的に問うてみよう。するとぼくらの念頭にはただちにひとつの答が浮かび、いかなる疑いも入れる余地のないほどに堅固な確からしさを主張するにちがいない。それは、「水は水素と酸素の結合体である」という解答であり、背景には純粋に近代科学的な思考様式が広がっている。実際、このときぼくらはこの世のあらゆる物質を構成するいくつかの基本要素の存在を確信し、それらをことごとく列挙して、さてその後に、水の構成要素を水素と酸素に同定したのである。だが、他方、古代ギリシアの哲学者タレスは、水は万物の原理である、と言ったということである。「それから万物が生じてくるところのそれが万物の原理である」（山本光雄訳編『初期ギリシア哲学者断片集』岩波書店）。タレスは「万物の栄養は湿っていること、また熱そのものは湿ったものから生じ、またそれによって維持されるということなどを観察」（同右）し、また「万物の種子（σπέρμα）が湿った本性をもっているということによって」（同右）このような見解を抱くにいたったのであった。

さて、近代科学は水そのものの構成要素を教えるが、水の働きは教えない。タレスは水そのものを問う問いに対しては沈黙を守りつつ、この世界における水の働きの様相を語っている。水は万物の原理であり、水の働きは水のいのちである。こうして水は万物のいのちである。近代科学とタレスの二通りの自然観は隔絶しているが、近代科学的自然観はあたかも二日目の数学の指導理念であるかのようであり、タレス的自然観は、三日目のガウスの数学に遍在する生命感の源《みなもと》のようである。近代科学とタレスを分かつ一線は、同時に、二日目と三日目の二通りの数学を識別しているのである。

ニコラ・ブルバキ

数学は三日目を迎えて異様な高みに到達した。だが、三日目の日暮れ、ワイマール時代に数学はもう一度、フランスに移行した。ワイマール時代にはフランスの多くの若い数学者がドイツに留学し、エミー・ネーター、ワイル、ジーゲル、エミール・アルティン、ヘッケ、ハッセなど、ヒルベルトの影響を受けた数学者たちと交流した。フランスにもどり、アンドレ・ヴェイユとアンリ・カルタンを中心にして数学者集団ブルバキを結成し、三日目の数学の吸収につとめ、十分に咀嚼して新しい数学を創造しようと試みた。そのようにして作られたのが今日の四日目の数学である。ブルバキの初期のメンバーはジャン・デュドンネ、エルブラン、クロード・シュヴァレーなどであった。

四日目の数学は三日目の数学の継承であるかのように見えながら、基本的な性格は一変した。この二つの数学は似てはいるけれども非としなければならないが、変容の秘密は咀嚼吸収ということの特異な様式に宿っている。ブルバキの流儀は構造主義的なのである。数学には科学技術的な側面はたしかにあり、各種の記号法や計算と証明の技術などは一貫して単調な進歩を続けている。数学全体を一個の巨大な構造物のように見て、組み立て方を分析し、再構築を工夫するのは楽しい作業であり、数学のひとつの道筋がここに示されたと言えそうである。

四日目の数学はどの理論もすみずみまで明快に構成され、定義の文言も証明の論理の運びもみな懇切であり、指示に従って歩んでいけばやがておのずと頂点に到達する。むずかしいところはどこにもなく、すらすらと前に進んでいくばかりである。明るい光がくまなく射し込んで知的で論理的である。だが、ただひとつ、このうえもなく退屈であり、殺伐とした印象さえ伴っている。

数学は人が創造する学問である。どれほど壮大な建造物も住む人がいなければ魅力はない。四日目の数学には何かしらたいせつなもの、それがあれば学問になり、それがなければ学問になりえないもの、すなわち学問の成否を左右する肝心なものが欠けているのである。その「肝心なもの」の正体こそ、岡潔のいう「情緒」である。

日本の土壌と数学の移植

四日間の数学の認識を踏まえて、もう一度、岡潔の数学に立ち返りたいと思う。岡の数学研究は四日間の数学史のどのあたりに位置を占めるのであろうか。

四日目の数学の構築に寄与したブルバキと、現代数学の抽象性を嫌悪した岡は必ずしも無縁ではない。岡は第一次世界大戦の終結後、四日目の数学が今しも勃興しつつあったフランスに留学し、二千年のラテン文化に負けまいとする気概をもってフランス語で論文を書き続けたが、フランスでの岡の師匠はガストン・ジュリアであり、しかも草創期のブルバキはジュリア・セミナーという形で活動を始めたのである。岡はブルバキを創始したヴェイユやカルタンと同世代である。カルタンは岡と同じ多変数関数論の開拓者で、岡が深い親しみを抱いていた人物である。ヴェイユは早くから多変数関数論に関心を寄せ、若い日にコーシーの積分をテーマにして一篇の論文を書いたこともあるほどである。岡の初期の研究を支える役割を担うことになった論文である。カルタンに向かって盛んに多変数関数論の話をし、カルタンの心情を多変数関数論に誘ったのもヴェイユである。岡の数学研究の真価を理解し、来日して奈良に岡を訪ねて語り合ったことも二度に及んだ。カルタンもまた岡を尊敬し、奈良に岡を訪ねて歓談のひとときをもったことがある。

このような諸事実に着目すると、岡はブルバキと手を携えて四日目の数学の建設に寄与したかのように見える。実際、岡がリーマンにならって創造した不定域イデアルの理論はカルタンにより層の理論と諒解され、今日の数学の根幹に位置を占めることになった。層の理論がなければ、現代数学は相当の部分が失われてしまうであろう。だが、数学研究の性格に目をやるとまったく別の光景が目に入る。岡の多変数関数論はリーマンの一変数関数論の直接の継承であり、四日目の数学とは本質的に無縁である。言い換えると、岡は三日目のガウスの数学の系譜に属しているのである。数学研究に向かう岡の日々は信じがたいほどに孤独だったが、その原因は数学研究の姿形それ自体に内在するのであり、岡の特異な個人的性格に帰着させようとするのは皮相である。数学全体が抽象化の方向に大きく流れ込もうとしていた時代であった。日本の数学界も新潮流の吸収と消化に向かう中で、岡はひとりリーマンの系譜を継いで多変数関数論の研究に打ち込んだのである。リーマンとの接点を通じて三日目の偉大な数学の伝統を継承しようとする試みをみずからに課するなら、孤立するほかはないであろう。時代の流れとは無縁の行為であるから時代遅れという批評はあてはまらないが、ここには数学と数学史を考えるうえで本質的な問題が現れている。

それは「数学の継承」という出来事の意味をめぐって発生する問題である。広く文化の移植とは何かと、問題を立ててもよいと思う。西欧近代にはじめて数学という学問が成立したとき、生起した諸相の実体は古いギリシアの数学の移植と再生であった。この出来事は相前後して二度起り、二日目の数学と三日目の数学が生成された。異質の土壌に異質の数学が芽生えたのである。では、三日目の数学が消失したときにも、同じことが起ったとは考えられないであろうか。三日目のガウスの数学は一方では第一次大戦後にフランスに移植されて四日目の数学に転生したが、他方、日本にも移植されて岡の多変数関数論が生れたというふうに。

もしこの想定が正しいなら、岡の真実の姿は継承者ではなく移植者である。文化の伝播の場において、継承者と移植者は似ているが非としなければならない。前者は継承するべき文化の気圏にみずからを溶け込ませるのであり、後者は文化そのものを一粒の種子に変えて新しい土地に播くのである。そこで移植者は二つの大きな仕事を遂行しなければならない。よい種子を得てその本性に精通することと、手持ちの土壌の土質を見きわめて十分に耕すことである。岡の場合、すなわちガウスの数学の日本への移植の試みの場合には、移植者はガウスの数学の本質を把握するとともに、日本という土壌の土質の解明につとめなければならないであろう。

では、日本という土壌はどこにあるのであろうか。これは困難な問いだが、こんなふうには考えられないであろうか。日本という土壌はどこかしら超越的な世界、イデーの世界に実在し、文化の移植を志す人が現れるたびに移植者の心の奥底に浸透し、やがて表層に浮上する。すなわち、日本は移植者の心に顕現するのである。土質の究明とは心の究明のことにほかならない。そうして心的世界を深くまた深く掘り下げて根底に到達し、さらに突き抜けてイデーの世界に及ぶなら、そのとき移植者の心はさながら日本そのものであるかのような一体感に包まれるにちがいない。その一体感こそ、岡のいう「日本人としての自覚」の本性である。

日本の土壌が心に顕れて日本人としての自覚に達した人は「純粋の日本人」である。普遍的なイデーはいつも、個々の事物、個々の人物を通じて顕れるのであり、日本の土壌は純粋の日本人の心に顕れる。それなら、まさしく岡潔その人が丹念に実行したように、日本の歴史に現れた幾多の純粋の日本人の心の働きをたどっていけば、日本の土壌のいかなるものかが知られるのではあるまいか。日本の土壌は純粋の日本である。純粋の日本と純粋の日本人。岡はこうして美しい人間類型を発見したのである。

数学者「岡潔」

あれこれを考え合わせておぼろげな思索を幾重にも重ねていくうちに、次第にある確かな状勢が姿を現してくるように思われた。ぼくは岡潔は紛れもない数学の移植者であり、この困難な事業のたったひとりきりの担い手だったと思う。そうしてもしぼくの確信が正鵠を射ているとするならば、そのときただちにもうひとつの仮説が浮上する。「光明主義を信奉する岡潔」「日本民族主義を掲げる岡潔」が物語る数々の不思議な言葉は、みなことごとく「数学の移植者としての岡潔」から発せられているのではあるまいか。

仮説は仮説を呼び、こうしてまた新たに困難な問いが発生した。しかし今度は希望があった。この新しい問いを追ってどこまでも前進していけば、いつの日かきっと明るい光が見えてくるにちがいない。ぼくはようやく確かな手掛かりを手中にしたのである。

四　百姓と数学

指物師と百姓

岡潔は第一エッセイ集『春宵十話』の中で、「数学に一番近いのは百姓だ」という感銘の深い数学観を書き留めている。

数学は語学に似たものだと思っている人がある。寺田寅彦先生も数学は語学だといっているが、そんなものなら数学ではない。おそらくだれも寺田先生に数学を教えなかったのではないか。語学と一致している面だけなら数学など必要ではない。それから先が問題なのだ。人間性の本質に根ざしておればこそ、六千年も滅びないできたのだと知ってほしい。

また、数学と物理は似ていると思っている人があるが、とんでもない話だ。職業にたとえれば、数学に最も近いのは百姓だといえる。種子をまいて育てるのが仕事で、そのオリジナリティーは「ないもの」から「あるもの」を作ることにある。数学者は種子を選べば、あとは大きくなるのを見ているだけのことで、大きくなる力はむしろ種子の方にある。これにくらべて理論物理学者はむしろ指物師に似ている。人の作った材料を組み立てるのが仕事で、そのオリジナリティーは加工にある。理論物理はド・ブローイー、アインシュタインが相ついでノーベル賞をもらった一九二〇年代から急速にはなばなしくなり、わずか三十年足らずで一九四五年には原爆を完成して広島に落した。こんな手荒な仕事は指物師だからできたことで、とても百姓にできることではない。

（『春宵十話』所収「春宵十話」第十話「自然に従う」）

岡潔の著作群に親しみ始めてまもない高校生のころ、ぼくは百姓と数学を語る岡の言葉に出会い、名状しがたい感慨に襲われた。本当に不思議な言葉であった。ぼくは心のおもむくままに、日記の中に、友人への手紙の中に、さまざまな形をよそおいながら幾度となく繰り返して岡潔の言葉を書き写した。爾来二十年余。こうして久方ぶりに同じ言葉を書き写せば感慨もまた新たである。紆余曲折を経た末に、ぼくは再び出発点に立ち返ったのである。

岡によれば、理論物理学者は指物師だが、数学者は百姓である。百姓の仕事は三段階に分かたれていて、何よりもまず種子を選ばなければならない。岡潔は全数学史を広く顧みながら、よい種子を選び出すべく力の限りを尽したようであり、諸著作の随所に痕跡が残されている。昭和四年から昭和七年まで、足かけ四年に及ぶフランス留学の成果はライフワークのための土地の発見に尽きていた。その土地が多変数関数論であった。だが、土地の発見は、百姓の仕事でいえば、いわば栽培に適する作物が米なら米、芋なら芋と判明したということであるから、種子の最終的選択にはまだいたらない。実際の仕事に取り掛かるには、なお一歩の考察を進めて、品種を決定しなければならない。それもまた苦渋に満ちた仕事であり、あてどない模索の日々が一日また一日と積み重ねられていくのである。

ベンケとトゥルレンの著作『多複素変数関数の理論』との出会い

やがて決定的な転機が訪れた。昭和九年（一九三四年）、ドイツの二人の数学者、ミュンスター大学のベンケとトゥルレンの著作『多複素変数関数の理論』が手に入った。この年、ドイツの出版社シュプリンガー社（所在地はベルリン）から刊行されたばかりの書物で、叢書「数学とその境界領域の成果」の一冊であった（第三巻第三分冊。この叢書は各巻が独立した五分冊から構成されている）。著者の緒言、目次の後、本文（百九頁）、巻末の文献目録（五頁）、索引と続いている。全体でわずかに百二十三頁という小冊子にすぎないが、文献目録の精密さに際立った特徴が現れていた。おそらく昭和九年はこの小さな本を読みふけって暮れたのであろう。岡潔はこの本に教えられて、多変数解析関数論の分野において、「ハルトークスの逆問題」を頂点とする「三つの問題群の作る山嶽」（これは岡潔の言葉である）が未踏破のままに放置されている状勢をみいだした。
「三つの問題群の作る山嶽」というのは岡潔自身の言葉である。「ハルトークスの逆問題」のほかの二問題は「クザンの問題」と「近似の問題」である。こうして岡潔はついにひと粒の得がたい種子を得たのである。たったひと粒の種子ではあったが、その中核には近代解析学の全史が凝縮されていた。この種子を発芽させて開花させることができなければ、解析学の大道はここにきわまってしまうのである。「一顆明珠《いっかみょうじゅ》（「一個の明るい珠」の意）」（『正法眼蔵』）という言葉が真に相応しい場面であり、まことに生涯を託するに足ると言わなければならなかった。

年が明けて昭和十年（一九三五年）になった。新年一月二日、岡潔はこの日から第一着手の発見をめざして本格的に研究に取り組み始めたという。「一月二日」というのは、岡家に遺されている『多複素変数関数の理論』の緒言の末尾に記入されている日付である（算用数字で「1935.1.2」と記入されている）。いよいよ数学的思索に打ち込んでいこうとする劈頭にあって、新たに緒言を読み返したということであろう。

昭和十年といえば、この年、岡潔はすでに数えて三十五歳である。「上空移行の原理」と言われる第一着手の発見に成功したのがこの年の夏、それに基づいて連作「多変数解析関数について」の第一論文が書かれて公表されたのは翌昭和十一年、数えて三十六歳のときであった。一般的に見ると数学者が研究に着手して論文を書き始める時期は相当に早いのが普通であり、数学史を顧みても、例外を見つけ出すのはむしろ困難である。ガウスもアーベルもヤコビもガロアもリーマンもみな早かった。三十五歳、三十六歳という年齢は異例と見なければならない遅さだが、それまで研究を手掛けていなかったわけではなく、しかもいくつかのめざましい数学的発見も経験していたのである。『春宵十話』には岡潔の初期の数学研究の様相を伝えるエピソードがちりばめられている。

前回（註：第六話「発見の鋭い喜び」）で数学的発見について話したが、発見の前に緊張と、それに続く一種のゆるみが必要ではないかという私の考えをはっきりさせるため、幾つかの発見の経験をふりかえってみよう。

大学卒業後、留学前の時期に下鴨の植物園前に住んでおり、植物園の中を歩き回って考えるのが好きだった。五月ごろだったが、何かのことで家内と口論して家を飛び出し、大学の近くにあった行きつけの中国人経営の理髪店で耳そうじをしてもらっているときに、数学上のある事実に気がつき、証明のすみずみまでわずか数分の間にやってしまった。

その次は夏休みに九州島原の知人の家で二週間ほど滞在し、碁を打ちながら考えこんでいたあとのことで、帰る直前に雲仙岳へ自動車で案内してもらったが、途中トンネルを抜けてそれまで見えなかった海がパッと真下に見えたとたん、ぶつかっていた難問が解けてしまった。自然の感銘と発見とはよく結びつくものらしい。

フランスへ行ってからも二度ほど発見をやっている。セーヌ川に沿ったパリ郊外の、きれいな森のある高台に下宿していたが、ある問題を考え続けながら散歩しているうち、森を抜けて広々としたところへ出た。そこから下の風景をながめていたとき、考えが自然に一つの方向に動き出して発見をした。もう一つはレマン湖畔のトノム村から対岸のジュネーブへ日帰りで見物に行こうと船に乗ったときで、乗ったらすぐわかってしまった。自然の風景に恍惚《こうこつ》としたときなどに意識に切れ目ができ、その間から成熟を待っていたものが顔を出すらしい。そのとき見えたものを後になってから書くだけで、描写を重ねていけば自然に論文ができ上がる。

（『春宵十話』所収「春宵十話」第七話「宗教と数学」）

岡潔のフランス留学は昭和四年（一九二九年）から昭和七年（一九三二年）まで足掛け四年にわたる。所在地はひんぱんに変遷したが、一九三〇年秋十月半ばから翌年五月ころにかけての逗留先は、パリ郊外のサン・ジェルマン・アン・レの「菩提樹」という名の下宿であった。それが岡のいう「セーヌ川に沿ったパリ郊外の、きれいな森のある高台」の下宿である。岡はみちさんといっしょに三階の部屋を借り、真下の二階の一室は親友の考古学者、中谷治宇二郎が占拠した。ここに書き留められているいくつかの数学上の発見は、岡潔のいう「インスピレーション型の発見」の事例として挙げられているものである。これを見れば、岡の数学上の研究は数学史上の幾多の例にたがわず相当に早い時期から開始されていて、しかも優に発表に値する著しい発見が伴っていたことが諒解されるであろう。実際、同じ『春宵十話』の伝えるところによれば、岡がベンケとトゥルレンの著作を入手したころには、すでに百五十頁ほどの論文がほとんど完成していたのである。だが、その論文は日の目を見ず、わずかに要約が発表されただけに留まった。その理由はといえば、「中心的な問題を扱ったものではないとわかった」からであり、そのために継続して執筆する意欲が失われたのである。

種子の発見以前の研究は、たとえどれほど印象の深い発見が散りばめられていようとも、種子の発見の日に備えようとする予備的段階に所属するものとみなされなければならないであろう。もし真の研究の歩みを歩もうと願うなら、ぼくらは種子の発見の日の訪れを予期しつつ、いつまでも辛抱強く待ち続けなければならないのである。

行為と情緒

さまざまな人の生涯を顧みても、幸運に恵まれた日の訪れはまれであり、生涯を費やしてもなお気配のかけらも感知されないこともしばしばである。ぼくらの人生はほとんどいつも彷徨にすぎないが、岡の数学観に沿うなら、数学のみならず学問芸術に魅せられた者に課された宿命と受け止めなければならないであろう。難行苦行を強いられているようでにわかに承服しがたい感じはたしかにあるが、そう思うのは行為に結果を期待しているからであり、根本的な誤謬に陥っているのである。なぜなら、行為の意味は行為それ自体に宿っているからである。

結果を伴わない行為は必ずしも無意味ではない。では、行為の意味はどこからやってくるのであろうか。多種多彩な相を示す行為の各々にそれぞれの意味を附与し、あるいはよしとし、あるいはあしとする基準はどこに求められるのであろうか。ああ、またしても途方もないアポリアである。

行為の様式は心の姿態の反映であり、行為の実相は心の比喩にほかならない。そうして岡の言葉によれば心とは情緒のことなのであるから、情緒こそ、行為に彩りを添えてとりどりの意味をあらしめる光源である。こうして行為の意味を問う問いは情緒の諸相の観察に帰着されるのである。

さて、運よくよい種子が選び出されたなら、今度は播かなければならない。それが百姓の第二の仕事である。播くべき土地は心、すなわち情緒の世界である。昭和十年、岡は多変数解析関数論の一粒の種子を情緒の田畑に播いた。その後は「大きくなるのを見ているだけのことで、大きくなる力はむしろ種子の方にある」。ただし、なすべきことが何もないわけではない。成長を見守りながら絶えず丹念に手入れを続け、雑草を除去して肥料を施さなければならない。すなわち、よく育てなければならない。それが百姓の第三の仕事である。試みに、適合する肥料は何か、と問えば、岡は必ず「いのち」と答えるであろう。そうにちがいないとぼくは思う。岡の諸著作を顧みても、そのように明記されている箇所は見あたらないが、文化勲章を受けた日の有名なエピソードは、この推察が正鵠を射ていることを明示しているように思う。岡は親授式のおりの情景をこんなふうに回想した。

……食事のあと、また別の部屋でコーヒーをいただきながら陛下からご下問があったのだが、私はあがっていたとみえて、陛下が何とおっしゃったか全く覚えていない。ただ、ご質問の語尾の「……の」というところが耳に残っただけだった。したがってどうお答えしたかも覚えてないのだが、あとで荒木さんに教えてもらったところでは、私は「数学は生命の燃焼によって作るのです」といったという。そのころ私は学問のオリジナリティーを強調していた時期だったので、その考えをそのまま陛下に申し上げたらしい。

（『春宵十話』所収「吉川英治さんのこと」。「陛下」は昭和天皇を指す。）

「荒木さん」というのは当時の文部大臣、荒木萬壽夫《あらきますお》のことで、荒木文部大臣が、文化勲章親授式の際のエピソードを岡潔に伝えたのは昭和三十七年八月十四日のことであった。場所は東京武蔵野市小金井の浴恩館で、浴恩館ではこの夏八月十三日から十六日にかけて第五回全国師道研修大会（主催は全国師友協会と関西師友協会）が開かれていた。全国師友協会の会長の安岡正篤とは、この年五月十二日、和歌山県師友協会第五回総会に同席したのが初対面であり、新和歌浦のホテル岡徳楼で一夕歓談したばかりであった。八月十四日、岡潔はひとりで浴恩館に現れて、「ちょっと来てみた」と言ったという。

安岡正篤の部屋で荒木萬壽夫、伊與田覚（安岡正篤の高弟）ともども歓談していたおり、荒木文部大臣がひとつのエピソードを持ち出した。岡潔の文化勲章受章のとき、荒木萬壽夫は文部大臣であったので、主務大臣として親授式に侍立した。（お茶の会ではなくて）陪食の席上、昭和天皇に岡潔を紹介しようとしたが、元来数学が苦手であったこともあり適当な言葉がみつからなかった。そこに昭和天皇から「数学はどういう学問か」と単刀直入な御下問があった。すると岡潔は即座に「数学とは生命の燃焼であります」と奉答したという。ところが岡潔は「そんなことがあったのか覚えていないが、唯あの時は大変あがっていたので本当のことを言ったのでしょう」と事もなげに話した。一同は思わず大きな声をあげて笑い合ったという。これは伊與田覚が書き留めている話である。

いのちのメロディー

生命の燃焼によって創る数学。いのちを燃やして、燃やし尽くして、いのちそのものを糧《かて》にしてひと粒の種子を生い育てようとする数学。それが岡潔の数学である。では、いのちとは何か、という問いが当然問われなければならないであろう。いのちと情緒との関連を明らかにすることもたいせつな問題である。岡潔は「いのち」をめぐって随所でさまざまに言及しているが、たとえば『風蘭』の中に「いのち」という小節があり、『春風夏雨』は「生命」という節から始まっている。後者に追随して、岡潔のいう「いのち」の様相の要点を採集してみよう。

……大脳前頭葉の働きは、食物を摂取する場合にたとえると、舌の役割と同じだといえよう。食物は口から入れなくても、食道にゴム管をつないでそこから入れても、栄養をとることはできるが、ものの味は決してわからない。ものの味がわかるためには口を通さなければならないように、すべて学問や知識の味やおもしろさがわかるためには大脳前頭葉を通さなければならない。それをピアノにたとえると大脳前頭葉は鍵盤にあたる。鍵盤をたたけば音が出るように、大脳前頭葉を通して初めて心の琴線が鳴る。だから大脳前頭葉は人の音曲の中心（情緒の中心がそれにあたるのではないかと思っているのだが）に深く結びついているといってよい。

人の音曲の中心はその人固有のメロディーで、これを保護するために周りをハーモニーで包んでいると思われる。

生命というのは、ひっきょうメロディーにほかならない。日本ふうにいえば〝しらべ〟なのである。そう思って車窓から外を見ていると、冬枯れの野のところどころに大根やネギの濃い緑がいきいきとしている。本当に生きているものとは、この大根やネギをいうのではないだろうか。

……私たちは物質現象にすぎないものを間違って生命と思って来たようである。「生きている」という言葉を学校で教えるときに〝ミミズが生きている〟などという例をあげるのが間違いなので、あれは物質の運動にすぎない。冬枯れの野の大根やネギが生きているというのが本当なのである。

人の情緒は固有のメロディーで、その中に流れと彩《いろど》りと輝きがある。そのメロディーがいきしていると、生命の緑の芽も青々としている。そんな人には、何を見ても深い彩りや輝きの中に見えるだろう。

幼児の生い立ちを見ると、情緒のメロディーは一人一人みな異った彩りを持っている。幼児はそのメロディーを作るのに実に骨を折っている。私は四月生まれなので、四月生まれに例をとると、数え年の一歳は全くそれにかかりきって、最も基礎的なものを用意している。二歳、三歳ではいろいろなしぐさや言葉を繰り返すことによって、メロディーをはっきりした形に残そうとしている。このメロディーが一人一人みな異っている。

姉と弟でこんなに違うというのはなぜだろうか。性格を作るのは環境だとか、遺伝だとかいうけれども、そんな、いまそこにあるもので説明できるものではない。幼な児がそのメロディーの彩りをとってくるのは、そんな三次元的な世界からではない。「過去心不可得、現在心不可得、未来心不可得」の世界、無差別智の大海の中からとってくるのだ。幼な児にはそんなことはできないと思うのは何も知らないからだといってよい。

……メロディーは人の肉体の脳幹部に閉じこめられているものではなくて、エーテルのように、すべての時空にわたって遍満しているのである。あまねく時空に満ちているといえば、広く大きいものなのかとなるが、そうではない。時空のない世界にあるのだ。

このメロディーが生命なのだから、生命は肉体が滅びたりまたそれができたりといった時空のわく内の出来事とは全く無関係に存在し続けるものなのである。そして、人類が向上するというのは、無限の時間に向ってこのメロディーが深まってゆくことにほかならない。

真意を汲み難い言葉がどこまでも続いていくが、おおよそこんなふうに考えればよいのではあるまいか。ぼくらは想像力をせいいっぱい働かせ、どこかしらぼくらの目には映らない場所に住んでいる「大きないのち」を思い浮かべるのである。「大きないのち」は、あらゆるいのちの根底にあってそれらを支えている本源のいのちである。すなわち、いのちの原理である。「大きないのち」は多彩な衣装をまといながら歴史的世界に顕われて、個々のいのちをあらしめている。「大きないのち」は純粋生命であり、個々のいのちは純粋生命の個々の形態である。すなわち「小さないのち」である。そうして岡潔は「情緒」の名をもって「小さないのち」に呼びかけようとするのである。いのちと情緒の関係を明示する簡明直截な言葉もある。『春風夏雨』には見当たらないが、ぼくは『風蘭』所収の一文「いのち」の中に、

わたしは情緒を「いのち」の一片だと思っているのです。

という断片をみいだして、目を見張ったことがある。ここに見られる「いのち」は明らかに、個々の小さないのちではなく、ぼくらのひとりひとりのいのちをこえている何かある大きなものである。「人の情緒は固有のメロディーで、その中に流れと彩《いろど》りと輝きがある」と岡潔は語っている。だが、それにもかかわらず、個々の情緒を究明して心の深層へと向かうなら、ついには根底を突き抜けてひとしなみに共通の基層に達するであろう。そこは、歴史的世界における生きとし生けるもののいっさいがそこからやってきてまた立ち返っていく場所、いのちの故郷である。いのちの故郷。それこそ、時空をこえて人と人との交わりを可能ならしめる根本の原理である。

顧みれば、数学の種子を心の畑に播くという行為には、何かしら巨大な不思議さがまとわりついているようである。だが、今やいっさいが明らかである。数学のみならず、およそ学問芸術が人から人へと継承されていく場合には、いつも共通の現象が観察されることであろう。学問芸術は人の心から人の心へと、情緒から情緒へと、大きないのちを経由して伝えられていくのである。

日本的情緒

ところで人の情緒はひとりひとりの人に固有のメロディーだが、大きないのちと小さないのちの間に位置するもうひとつのいのちがある。それは民族のいのち、すなわち民族的情緒である。岡潔は民族的情緒もまた、個々人の情緒と同様に、個々の民族に固有のメロディーであることに気づいたのである。フランス滞在中に生起した特異な出来事である。機縁をもたらしてくれたのはセザンヌの作品であった。

私は三十才の頃、まる三年フランスに住んでいた。そうしているうちに段々、日本にはたとえば空気や水のように絶えずふんだんにあるから何とも思わないが、ここには無いもののあることに気付き始めた。やがて私はそれが何であったかとそのことばかりが気になるようになった。そのうちにふと、この国の大画家セザンヌの風景を見た。流石によく描けている。私はじっと見入っていた。そうすると段々淋しくなって来た。

私ははっと気付いた。それで日本の場合を見た。

ふるさとの山に向ひて言ふことなし
ふるさとの山は有難きかな　　（石川啄木）

全く違う。ふるさとだからといわれるかも知れないが、セザンヌのも郷里の田園風景である。

旅人とわが名よばれん初時雨　（芭蕉）

御覧なさい。芭蕉は永遠の暖かさに包まれているではありませんか。

……人と自然との関係が、日本とフランスとではこうも違うのである。

ここがわかると後はもう堰を切ったようにわかった。

私はフランス語の会話を勉強するのが馬鹿らしくなり始めている自分に気がついた。フランス人に晩餐に招かれたりすると、実にちやほやして呉れるが、何処まで本心なのか全くわからない。フランス人同志のときは、お互いにそうなのだろう。日本では、たとえば伝え聞く江戸開城のときは、西郷と勝とはじっと対座していて、二言、三言、言葉をかわしただけであった。

日本では人と人との間によく心が通い合う、人と自然との間にもよく心が通い合う。フランスでは人と人とは対立し、人と自然とも対立している。この通い合う心を日本語で情というのであるが、フランスにはこれに相当する言葉さえない。これで的確にわかった。日本にあってフランスにはないその何かとは情であった。

日本へ帰ってから和英を引いて見た。フィーリングとエモーションとしかない。フィーリングとは情の淵の表面のさざ波、エモーションとは表層の流れである。情という字は英・米にも無いのである。

ドイツの哲学者フィヒテは感情を問題にしている。其の出発点である「全知識学の基礎」（岩波文庫）をつぶさに見ると、フィヒテの指さす彼方に「情」の在り得ないこと明らかである。勿論その言葉のあり得る筈がない。

かように欧米には情という字が無いのである。


（『昭和への遺書　敗るるも　またよき国へ』所収「敗るるも　またよき国へ」第五節「真我の情」）

ドイツ語についてはゲミュート（「心情」の意）という美しい言葉が想起され、フランス語や英語に関しても辞書を根拠とする説明には多少の疑問が残るが、ともあれ岡潔の言うところに追随すると、日本には情があるが、欧米には情がない。民族的情緒が民族に固有のメロディーであることはこれで明らかである。では、その有無によって欧米と日本とを截然と分かつと言われている、その「情」の本体はいかなるものであろうか。日本民族の固有のメロディーとはどのようなものなのであろうか。こうして新たな問いが発生した。岡潔はこの問いの解明に精魂を込めてたずさわり、多彩な考察を繰り広げた。ぼくは岡潔の言葉を細大もらさず聞き取りたいと思う。

五　純粋な日本人

蕉門の人々

感銘の深い数学観を物語る岡潔は同時に、ある特異な人間類型の造型者でもあった。岡潔の一系のエッセイには幾人かの特定の人物が繰り返し登場し、一種異様な雰囲気を醸《かも》している。人物群は多彩で、芭蕉と道元をはじめとして、弟橘媛《おとたちばなひめ》や菟道稚郎子《うじのわきいらつこ》のような神話伝説上の人々もいれば、「松原」という名の三高京大時代の同期生もいる。はたまたリーマンのような十九世紀のドイツの数学者も現れるというとりとめのなさである。だが、これらの人々はだれもみな、ある普遍的な理念の体現者である。すなわち「純粋な日本人」なのである。

「純粋な日本人」について岡潔はこう言っている。これは昭和四十一年に刊行された自伝『春の草　私の生い立ち』に見られる言葉である。

私は純粋に日本人です。純粋に日本人とはどういうことかというと、私は、民族はそれぞれ心の色どりを持っていると思います。日本人とは、日本民族の色どりというものを持っている。この色どりもいずれ変わってはいきます。日本民族は、日本民族の色どりというものを持っている。この色どりもいずれ変わってはいきます。しかし、実際はなかなか変わらないものであって、変わったとみえるようになるまでには、十万年ぐらいはかかるだろうと思っています。その民族の色どりと、その人の心の色どりが一致する人を、私は純粋な日本人といっているわけです。したがって、国籍はかりに日本になくてもかまわない。ここではまず、私が純粋に日本人であったということを考慮にいれていただきたい。もっとも、純粋な日本人という自覚を得られたのは、一九三二年（昭和七年）フランスから帰国して、芭蕉や道元禅師をよく調べ、知ってからです。芭蕉（一六四四－九四年）を調べて一応の自覚を得、道元禅師（一二〇〇－五三年）を調べてこれに墨をいれるといったふうにして、〝純粋な日本人〟の自覚はあとで得たのです。

（『春の草　私の生い立ち』所収「私の人生観」）

次の一文でも同主旨が繰り返されているが、芭蕉との関わりについていくぶん詳しく語られている。これも『春の草　私の生い立ち』からの引用である。岡潔にとって芭蕉は道元とともに一番たいせつな「純粋な日本人」である。

前に述べたように一九二九年から一九三二年までまる三年、私はパリに住んだ。そしてなにか非常に大切なものが欠けているように思いました。それがなんであるかを探そうとして、日本人とはどういう人であるかを調べ始めたのです。初めは芭蕉とその一門を、それらの人たちの書いたものによって詳しく調べたのですが、私にいかにもふしぎに思われたのは、芭蕉は俳句らしい俳句はふつう一、二句、名人でも十句あるのはまれであるといっていることです。五・七・五のような短い句型の二つや三つを目標に生涯をかけるということは、私には薄氷の上に重い体重を託するのと同じようにふしぎに思われました。

（『春の草　私の生い立ち』所収「日本人としての自覚」）

ここに言及されている芭蕉の言葉の原型は、「翁凡兆に告て曰、一世のうち秀逸三五あらん人は作者、十句に及ぶ人は名人なり」というもので、出典は俳諧問答「青根が峯・答許子問難弁」である。岡潔は三高時代あたりから愛読していた芥川龍之介の作品「芭蕉雑記」によってこれを知ったのである。

ともかくそんなふうにして私は芭蕉を調べ、日本民族には民族的情緒の色どりがあることを知ったわけです。これがいまのようになるまでには、少なくとも十万年、長ければ三十万年はかかっているだろうと思います。日本民族的な情緒の色どり、また個人の情の基調の色どりの二つが一致している人を、私は純粋な日本人と呼ぶことにしています。だから、国籍は日本にあっても純粋な日本人でない人もあれば、国籍が外国にあっても、純粋な日本人といえる場合もあるわけです。

私は芭蕉は純粋な日本人だと思っている。そして芭蕉を詳しく調べることによって、だいたい純粋な日本人のアウトラインを、いわば鉛筆で書くことができたわけです。つまり純粋な日本人とはこういうものであるという、鉛筆で書いたような自覚ができたわけです。

しかし私は、この鉛筆の下書きのような自覚では足りないと思った。それで道元禅師を選んで、だいたいその著書『正法眼蔵』上中下（岩波文庫）、なかんずく「上」から、自分は純粋な日本人であるという自覚を、いわばスミ書きすることができたと思っている。その後、私のしたことは、ざっと歴史に目を走らせ、純粋な日本人はどういう場合にどういう動き方をするかというそのいろいろな行為を印象に残すことで、これができればじゅうぶんだったのです。

（同右）


ひとりひとりの人について、その人に固有の情緒の彩りがあるように、民族には民族に固有の彩りが存在する。岡はフランス留学中にこの事実に気づき、鮮やかな印象を心に刻んだのである。等しくさまざまに彩られているのであるから、個人と民族の双方の彩りを比較することも可能であり、わけても日本民族に固有の情緒の彩りと重なり合う、そのような心の彩りの所有者が想定されるであろう。それが「純粋な日本人」である。だが、この規定の仕方にはいくぶん理解しがたいところがある。

純粋な日本と純粋な日本人

もし岡の言葉を忠実にたどって「純粋な日本人」に到達したいと願うなら、ぼくらは明らかに「日本民族」から出発しなければならない。全人類の一角を占めて「日本民族」の名をもって呼ばれるのに相応しい、何かある一定の資格を備えている一握りの人々。ぼくらはそのような人々を何らかの仕方で前もって取り出しておかなければならないのである。取り出し方はさまざまに考えられるであろう。日本民族とは、たとえば日本列島上に誕生して起居を共にする人々の集合体である。あるいはまた、日本国籍を有する人々を全体として指し示す言葉である。あるいはまた、ある特定の人類学的形質を設定して、それを基準にして日本民族の範疇を確定しようと試みることも可能である。こんなふうにして幾通りかの日本民族の範型が取り出されるが、それらは相当に大きな部分を共有しながらも、相互に重なり合わずにはみだしている部分の大きさもまた際立っている。日本民族は「純粋な日本人」が意味のあるものであるための不可欠の前提だが、必ずしも明確に規定される概念ではないのである。

だが、それはそれとして、今ひとまず日本民族の概念規定に成功したと仮定して、綿密な観察の末に首尾よく日本民族に固有の心の彩りが発見されたとしよう。するとそのとたんに重心が移動して、今度はそのような心の彩りそれ自体が主役を演じ始めるのである。岡が明言しているように、もはや国籍を問われることもない。日本民族の心の彩りの持ち主はみな日本人であり、あまつさえ「純粋な日本人」である。ぼくらは古今東西のありとあらゆる「純粋な日本人」たちが形成する精神の共同体を思い浮かべることができるであろう。そこは何かしら時空をこえて存在する世界であり、いわば「純粋な日本」である。出発点で便宜的に想定された日本民族は、高々「純粋な日本人」に到達するための方便でしかありえない。真実に到達するために方便から出発しなければならなかったのである。

しかし、このような事態にはどこかしら本末転倒の気配が漂っているようである。真実を説くのに方便をもってすることはあっても、方便を駆使して真実が発見されるという事態はありえないと考えられるからである。ぼくらは出発点に立ち返らなければならない。そうして岡の体験そのものに沿って、はじめから考え直さなければならないのである。

日本民族の明晰判明な規定は困難だが、それでもなおフランス人たちに比してはっきりと異質としか思えない自分がいる。岡がフランスで感知したきわめて直接的な体験であり、岡はそのように自己を認識したのである。ここフランスの地に自分がいて、周辺に去来するフランス人たちとはどうやら根本的に異質である。では、そのように感知する自分とは何者かと自問したときに天啓が訪れて、ほかでもない「純粋な日本人」であるという自覚が得られたのであった。

このあたりの消息を岡の言葉に即してもう少し正確に観察すると、「もっとも、純粋な日本人という自覚を得られたのは、一九三二年（昭和七年）フランスから帰国して、芭蕉や道元禅師をよく調べ、知ってからです」ということであるから、フランスにおける最初の段階では、岡は「純粋な日本人」というものの存在を直観し、自分もその一員なのではないかという強烈なインスピレーションに襲われたのである。真実の学問芸術がいつでもそのように歩みを運び始めるように、真理は最初の瞬間に啓示された。はじめに真理があって、その後に真理を説く方便が工夫されるのである。漠然とした日本民族の観念から出発し、曲折に富む模索の末に、さまざまな偶然が折り重なって幸いにも「純粋な日本人」が発見されたというのではない。方便は決して真理への道を開かない。事実はまさしくその正反対だったのである。

「純粋な日本人」は宗教的な色彩を帯びた美しい観念である。政治的色彩はもとより皆無であり、人類学的類型とも無縁である。片々たる国籍は問うところではなく、歴史的実在の詮索などにはまったく無意味というほかはない。

芭蕉と蕪村

岡潔は先ほど引用した言葉の中で、純粋な日本人としての自覚ができた後に、「私のしたことは、ざっと歴史に目を走らせ、純粋な日本人はどういう場合にどういう動き方をするかというそのいろいろな行為を印象に残すこと」であったと語っている。ぼくらはまだ日本民族の心の彩りを知らないが、岡の挙げているさまざまな純粋な日本人を観察すれば、必ずやいっさいが明るみに出されるにちがいない。岡の足跡を丹念にたどりたいと思う。

だれよりも先に芭蕉と道元は純粋な日本人である。それどころか、岡はほかでもない芭蕉と道元に教えられて、日本民族の情緒の彩りを発見したのである。

芭蕉には会わなかったが、芭蕉は姿を見せないまま手を取って教え続けたのである。私は芭蕉と道元禅師とによって、自分が日本民族の中核の一人であることを自覚することが出来たのである。（『昭和への遺書　敗るるも　またよき国へ』所収「敗るるも　またよき国へ」第八節「日本民族」）

岡はフランスに滞在中にセザンヌの風景画に眺め入りながら、だんだん心が淋しくなってくることに気がついた。この体験は芭蕉とその一門の生活態度を連想させた。

フランスで「情」がわかると、次にはこういう問題が出て来た。

「芭蕉の門下の真剣さは、句作に生涯を懸けているとしか見えなかったが、芭蕉はこう言っていた筈である。名句は生涯に二、三句、十句もあれば名人なり、と。そうすると蕉門の人達は、これはよめたと思う俳句の二、三句に全生涯をかけているということになるが、俳句は十七字の短詩形、多分ボードレールは短詩形が好きな詩人で百句位の短かさでなければと言ったということだが、十七字では、今日はこれでよめたと思っても、明日はどう思うかわからない。今日有頂天になれば明日はその反動でしょげかえるかも知れない。こんな頼りないものの二、三句に全生涯を懸《か》けるのは、まるで薄氷に全身重を托するようなものである。どうしてそんなことが出来るのだろう。」

この問題も、私にはまたしても気にかかったから、日本から芭蕉七部集、芭蕉連句集（岩波文庫）、芭蕉遺語集（改造文庫）等を送って貰って色々調べて見たのだが、この方は在仏中には遂にわからなかった。

日本に帰ってから調べ続けていると、国土、人心に教えられて、段々わかって行った。自然、人の世という外界が内心に伝わるのに二段階ある。

……

欧米人は外界を感覚でしか見ないが、日本人、特に明治以前の日本人は外界を情緒で見たのである。

この二つの見方を前に言った滝の句でもう一度対比すると、

荒滝や万山の若葉皆ふるふ

ほろほろと山吹散るか滝の音

この二つの見方でどう違って来るかを説明すると、フランスは緯度が高いから夏が一番よい季節なのだが、フランス人はこう言う。夏は愉快だが冬は陰惨だ。また感覚的な人はこう言う。晴れた日は好きだが雨の日は嫌いだ。

これに対して、明治以前の日本人はこう言っていた。春夏秋冬皆それぞれによい。晴曇雨風とりどりの趣きがある。

もっと違う点はここである。感覚の場合は始めは素晴しい景色だと感じても、二度目はさ程には感じなくなり、三度目は何とも思わない。感覚は刺戟であって、刺戟から同じ効果を受ける為には段々刺戟を強くして行かなければならないのである。

それが情緒の場合は、たとえば「しぐれ」がわかり始めるとしぐれが好きになる。きくことを重ねる程段々深くわかって行く、好きで好きでたまらなくなる、深く入ってしまうと、時間も空間もなくなって、自分がしぐれなのかしぐれが自分なのかわからなくなってしまう。

（『昭和への遺書　敗るるも　またよき国へ』所収「敗るるも　またよき国へ」第五節「真我の情」）

本来の日本人はどのように見るか、を簡単に説明しよう。

春雨や蓬をのばす草の道　　芭蕉

春雨や物語りゆく蓑と笠　　蕪村

蕪村の句には、二条か三条しか春雨が降っていないが、芭蕉の句には目のおよぶ限り、万古の春雨が降っている。

なぜであろう。それは蕪村は自他対立して春雨を見たのであるが、芭蕉は春雨になることによって春雨を見たためである。

（『一葉舟』所収「片雲」）

セザンヌと芭蕉、芭蕉と蕪村は実に著しい対照をなしている。セザンヌは感覚的だが、芭蕉は情緒的である。蕪村は自他対立的だが、芭蕉は対象と同化して一体となってしまう。蕪村はさしづめ日本のセザンヌというところである。

感覚的価値判断は分別的である。夏の愉快を際立たせるためには冬の陰惨を対峙させなければならない。晴れた日が好きだと言うためには、嫌いな雨の日を持ち出さなければならない。よいものはそれ自体でよいのではない。そのような判断は根本的に不可能である。よいものは悪いものと比較対照してはじめてよいものとなるのである。ところが情緒的価値判断は無分別的である。しぐれが好きなのは好きだから好きなのであり、嫌いなものの有無とは無関係である。今度はよいものはそれ自体でよいのであって、よいものをよいと判断するのに、対立する悪いものの存在は要請されないのである。

ところで判断の主体はほかならぬ「私」である。すなわち「自我」である。すると、判断に二種類があるのに応じて、それらの各々をつかさどる二種類の自我が存在すると考えられるであろう。

自分を二つに分かって小我（小さな自分）と真我（本当の自分）とにする。人は普通の状態においては自分のからだ、自分の感情、自分の意欲を、自分と思っている。これが小我である。真我は西洋人はあまりよく知らない。ほとんどの人は小我を自分と思ってしまっているからである。

（『一葉舟』所収「人という不思議な生物」）

小我は分別的に判断し、真我は無分別的に判断する。すなわち、芭蕉の行為には分別的判断が介在しないのである。

真我の人の意志はどんなふうかというと、道元禅師はこういっている。

「行仏の去就たる、これ果然として仏を行ぜしむるに、仏即ち行ぜしむ」

つまり全く打算しないのである。

（『日本民族』所収「芭蕉」）

「全く打算のない行為」は「無償の行為」である。すなわち、行為そのものに意味をみいだそうとする行為、結果を期待しない行為である。芭蕉とその一門は俳句のような頼りのないものの二、三句に全生涯をかけたのである。まるで薄氷に全体重を託するような危うい行為だが、蕉門の人々は実際にやってみせている。そんなことがなぜ可能なのかと思案すれば実に不思議でならないが、畢竟、分別的判断が働くから不思議に感じられるのである。そんなことをして何になるのかと思うから、蕉門の人々の行為が理解できないのである。真我の人は行為に結果を求めない。たとえ生涯を通じてついに一句の秀句も得られなかったとしても、以て瞑すべしとしなければならないであろう。世俗的な利益称讃はもとより、一句の秀句すらも目的ではありえない。行為の意味は人生の意味と同義である。そうしてもしそのようなものがあるとするならば。それは、秀句を求めて生涯を貫くこと、それ自体の中に潜んでいると考えられるのではあるまいか。

芭蕉の一門の生活態度は実際不思議であって、単に情緒の世界に住んだとだけでは到底説明し尽くせないのである。芭蕉の一門はすっかり芭蕉に引きつけられていたのである。解脱し切った人はそういう力を持っているのである。芭蕉につながっているとなぜか知らないが嬉しいのである。

（『日本民族』所収「芭蕉」）

芭蕉は真我の人であり、真我の人はいつでも行為において打算しないのである。そうして真我の人芭蕉その人に魅せられた人々が蕉門を形成したのであるから、蕉門の人々が薄氷に全体重を託するような無償の行為におもむいたのも真に当然のことと言わなければならない。岡潔のフランス留学中の疑問はこうして解決したのである。

道元禅師

道元もまた真我の人である。

私はパリに三年いて、日本がよく知りたくなって、典型的な日本人とはどういう人だろうと思って、初めに俳句や連句によって芭蕉一門をよく調べ、次に「正法眼蔵《しょうぼうげんぞう》」（岩波文庫上、中、下）によって道元禅師を調べた。正法眼蔵がわかるまで十数年かかった。言葉はすべて小我の言葉である。この本はそれを巧みに操って小我をはるかに出離れたところの風光を描いてある本である。ふつうのわかり方ではわからない。私の場合はある一刹那《せつな》があって、それ以後「正法眼蔵」に関する限り、どこを見てもすらすらわかるようになったのである。

（『一葉舟』所収「梅日和」）

これだけではよくわからないが、道元は正法、すなわち釈尊の正しい教えを日本に移植しようとして、百尺の竿の先端にあってなお一歩を進めようとする気魄をもって、いっさいの名利を離れて仏道を修業するべきことを説いた人である。ぼくは思う。芭蕉における俳句、道元における仏道は、岡潔における数学と相俟ってみごとな三幅対を構成しているのではあるまいか。岡の生涯そのものがそれを明らかに示している。岡は解決の当てのない難問をみずから創造し、生涯を託する決意を固め、何らの打算も行わず、いっさいの名利を離れて百尺竿頭《かんとう》なお一歩を進める気魄をもって数学研究に打ち込んだのである。そんな途方もない難問を定めずに、ほどほどのものにしておけばよいのにと思うのは、すなわち打算である。問題の主体は数学そのものであって、岡潔ではないからである。

問題を創造した岡潔には問題選択の権利はない。苦心に苦心を重ねた末に岡が手にした一粒の数学の種子は、岡の創造物でありながら岡のものではない。解析学の全史がみずからすすんで一個の美しい結晶体と化して、岡の手にゆだねたのである。解析学そのものが、一個の種子を発芽させ、開花させることを岡に要請したのである。途方もなく巨大な要請だが、岡は応えなければならない。応えなければ、解析学の大道はここにきわまってしまうからである。個人的な利害打算などはみな捨て去って、この一筋の道に人生を託さなければならない。行為の成否も問うところではない。あまりにもきびしい行路だが、岡はフランス滞在中に次第に鮮明な決意を固めていったのではあるまいか。その過程では異様な出来事がさまざまに生起したにちがいない。心の揺れは大きく、深い逡巡も幾度となく生滅したことであろう。そうして揺るぎない地歩をもう一歩で占めようとする最後の段階では、清水の舞台から身をおどらせるに足る、何かしら際立った出来事が起っても決して不思議ではない。セザンヌの風景画がある特異な触媒と化して岡の心情に作用したのもこの時期のことであろう。日本的情緒の彩りはそのように発見されたのであろう。

顧みれば芭蕉も道元も、何らの打算もなく、名利を離れて俳句と仏道に心身を傾けた人である。

芭蕉が薄氷に全体重を託したのは俳句の道の要請に応えてそうしたのである。道元が百尺竿頭なお一歩を進めたのは、仏道の要請に応えてそうしたのである。そうして岡は、芭蕉や道元がそうしたように、数学の要請に応えて数学者の歩みを運びつつあるところである。岡はセザンヌを機に芭蕉と道元を回想し、あたかも志を同じくする旧友に再会したかのような、深い懐かしさを感じたのではあるまいか。生涯の歩みが今しも決定されようとする瞬間の、みずからの緊迫した心の相を観察し、心の彩りを同じくする二人の古人を発見したのである。

「純粋な日本人」は真我の人であり、真我の人は打算のない行為をする人である。芭蕉と道元は真我の人である。だが、はじめに一群の真我の人々がいて、その後に自分もまたその一員であることに気づいたというのではない。岡の記述の様式とは裏腹に、真実はまさしく正反対であったろうとぼくは思う。およそ人の行為が関与するであろうありとある場面において、数学における岡のように行為する人はみな「純粋な日本人」であり、岡の同志である。己事究明。「純粋な日本人」とは岡潔その人のことだったのである。

六　己事究明

真我の数学

セザンヌに誘われて端緒が開かれた岡潔の己事究明は、芭蕉と道元に手を引かれながら歩みを運び、やがて「純粋な日本人」としての自覚へと収斂していった。岡は真我すなわち真実の自己を発見したのである。

真我の発見と相俟って、数学者としての歩みもまた面目を一新した。「ハルトークスの逆問題」を発見するまでの数学研究はいわば暗中を模索するような研究であった。イテレーション研究に始まり、値《あたい》分布論、多変数有理型関数の正規族の理論を経てハルトークスの集合の研究にいたるまで、数学研究における岡の模索の時代はおよそ七年余りにわたっている。この間、岡は自力をもって数学に立ち向かい、次々と問題を立てて解決を試みて、あるいは征服したと思いなし、あるいは誤謬に陥り、またあるいは断崖絶壁に行く手をはばまれて途方に暮れてしまうのである。

だが、今や状勢は明らかに一変した。「純粋な日本人」としての自覚の芽生えと軌を一にして小さな我は後退し、再生し、新たに真我の数学が誕生した。

真我の数学は数学が要請する巨大な責務をひたむきに果たそうとする深い使命感に裏打ちされているのであるから、小さな満足感とも絶望感とも根本的に無縁である。昭和十五年初夏のころ、岡潔は蛍狩りの季節に「関数の第二種融合法」を発見（第二の発見）し、懸案のハルトークスの逆問題の解決に成功した。深い喜びに満たされてしかるべき場面だが、実際にはそのようにはならなかった。岡潔はまるで「自分の一部分が死んでしまったような」感情に襲われて、かえって秋の気配を感じたというのである。戦後まもない時期に書かれた高木貞治宛の手紙の草稿が岡家に遺されていて、この間の岡潔の特異な心情を今に伝えている。


私大学ヲ卒業シテ四年間ノ暗中模索ノ後、巴里ニJulia（註：ジュリア）先生ノ所ニ三年居リマシテ、多変数解析函数ノ分野ヲ、其ノ意義及ビ其ノ面白サカラ、研究ノ対象トシテ撰ビマシタ。其ノ後十五年掛ツテ、Behnke-Thullen（註：ベンケとトゥルレン）ノ文献目録ニアル問題ハ略々解決シ了リマシタ。此ノコトハ一度先生ニ申シ上ゲマシタ。（尚其ノ始メノ四年間ハ行ケドモ行ケドモ陸地ノ見エナイ航海ノヤウナ苦シサデシタ。私ノ生涯デ一番苦シカツタ頃デゴザイマセウ）。所デ、先生ニ申シ上ゲタイノハ、其ノ本質的ナ部分ハ解イテ了ツタト思ツタ（今デモソウ信ジテ居マスガ）其ノ瞬間ニ、正確ニハ翌朝目ガ覚メマシタ時、何ダカ自分ノ一部分ガ死ンデ了ツタヤウナ気ガシテ、洞然トシテ秋ヲ感ジマシタ。ソレガ其ノ延長ノ重要部分ガ、上ニ申シマシタ様ニ、マダ解決サレテ居ズ容易ニハ解ケソウモナイ、ト云フコトガ分ツテ来マスト、何ダカ死ンダ児ガ生キ反ツテ呉レタ様ナ気ガシテ参リマシタ。本当ニ情緒ノ世界ト云フモノハ分ケ入レバ分ケ入ル程不思議ナモノデアツテ、ポアンカレノ言葉ヲ借リテ申シマスト、理智ノ世界ヨリハ、或ハ遥カニ次元ガ高イノデハナイカトサヘ思ハレマス。

（昭和二十二年四月十八日付の高木貞治宛書簡草稿より。和歌山県伊都郡紀見村から東京都新宿区諏訪町一八二へ。漢字の字体を現在通有のものに変えて引用した。）

このような言葉のひとつひとつが、透明な水滴と化して、ぼくの心の奥底に染み透っていった。ぼくは深い感銘に襲われて、しみじみと悲しかった。岡は上空移行の原理の発見を懐古して発見前後の心象風景を生き生きと描写したが、何よりも力を込めて「発見の鋭い喜び」の諸相を物語っていたものであった。その喜びの根源の探究は、その後の岡の思索のテーマになったほどだが、ひとつまたひとつと積み重なっていく発見の喜びの行き着く先には、意外にも秋の気配が漂っていたのである。まったく思いもかけない事態であり、真に異様な出来事というほかはないが、あまつさえ秋の気配が消え去っていくためには、なおいっそう困難な未解決問題の発見を俟たなければならなかった。岡はそのとき何だか死んだ児が生き返ってくれたような気がしたというのである。何という深い悲しみに満ちた言葉であろうか。何という深いさびしさに満ちた言葉であろうか。岡の世界には世間的な称讃も栄誉も入り込む余地がない。浅薄な自己満足とも傲慢な絶望とも関わりがない。すなわち、ひとひらのエゴイズムの影も射さなかったのである。

その代わり木枯らしが吹き、みぞれが降っていた。

さびしさの底ぬけて降る霙《みぞれ》かな　丈草《じょうそう》

岡は冬枯れの荒野のただなかにたたずんでなお、種子を育みながら春の訪れを待つ農夫のようだった。世に行われている大小無数の小我の学問と比して、対照の鮮やかさは言葉もないほどである。

己事究明

岡の学問上の転機が己事究明とともにもたらされたことは、どれほど目を凝らして見つめても底が見えないほどに重要な出来事である。数学のみならず、己事究明こそ、あらゆる学問芸術の扉を開く究極の鍵である。

ぼくらはだれしも当初は盲目に等しい自我意識をもって学問芸術に心を向けていくものである。数学が好きだからといって数学に向かい、文学が好きだからといって文学に向かい、絵を描くのが好きだからといって絵画に向かっていくのである。なぜ好きなのかと自問すれば返答に窮してしまうが、ぼくらはぼくらの人生に課されている永遠の宿命に従って、根拠のあやふやな自主性にうながされてはじめの一歩を運ばなければならないのである。だが、何らかの契機をとらえて自我意識の根源を問うたとき、必ずや転機が訪れて、学問芸術の様相が一変するであろう。ぼくらは数学や文学や絵が好きだという、その自分とは何者かとみずからに問いかけて、この究極の問いの究明を通じて真実の自己を発見しなければならないのである。そのとき岡はよい範例となって、ぼくらの行く手を明るく照らしてくれることであろう。

道元との出会い

岡潔と道元との出会いはフランス留学期の後半以降、すなわち己事究明の旅路が歩まれ始めた直後に起ったと推定される。

私が「正法眼蔵」を買ったのは満洲事変が終って日支事変がまだ始まっていない頃である。

（『昭和への遺書　敗るるも　またよき国へ』所収「敗るるも　またよき国へ」第八節「日本民族」）

道元に寄せる関心は異様なほど深かったが、十数年座右に置いて終戦後二年ほどがすぎたころ、一刹那があって天啓が訪れた。

私は「正法眼蔵」の扉は「心不可得」だと思った。その扉を開く鍵は「生死去来」だと思った。この鍵ならば私はもう持っている。過去世が懐しくて仕方がないのである。

ある日私はじっと坐って思いをこの「生死去来」の四字に凝視し続けていた。時はどんどん流れて行っただろう。と、突然私は僧達にかつぎ込まれた。見るとそこは禅寺の一室、中央に一人の禅師が立ち、左右に僧が列立している。私はその人が道元禅師であることが直覚的にわかった。

畳を踏んで禅師に近づくと、まるで打たれるような威儀でしばらく顔が上げられなかった。顔を上げると禅師は私に無言の御説法をして下さった。無言の御説法というのは不思議なものでそれが続いているうちは私は絶えず不思議な圧力を感じ続けていた。

やがてまた畳を踏んで退き、僧達にかつぎ出された。

われに帰ると私は部屋の畳に座り続けていたのだが、足の裏にはまだ寺院の畳をふんだ感触が残っていた。

以後私は「正法眼蔵」は何処を開いても手に取るようにわかる。然しこれは言葉には言えない。このことは今日に到っても少しも変わらない。

(同右)

真に神秘の体験というほかはなく、道元が岡潔に及ぼした深刻な影響を目の当たりにする思いがするが、この話にはモデルがある。

ここで支那の大梅山法常禅師の話をしよう。（「正法眼蔵」、中巻、「行持」）禅師がまだ僧であったとき、ある禅師にこう聞いた。「如何ならんか是れ仏。」そうすると禅師はこう答えた。「是心是仏。」

僧はわかったと言って、直ぐ深い山へ行って三十年ただ思いをここに凝した。そして遂に大悟した。

大悟の後は、支那も大分南方だったと見えて虎と象とが左右に侍して御用を聞き、なくなれると屍を葬って、その上に石で塔をつみ上げた後立ち去ったという。

後人がここに一寺建立して大梅山と号した。

（以上中巻参照）後に道元禅師が渡宋して、如浄禅師について修行し、大悟して身心脱落して後、旅行して一夜大梅山の下に宿った。

そうするとその夜霊夢に法常禅師とおぼしき老僧があらわれて、法を伝えてそのしるしに梅花一枝を与えた。道元禅師が覚めて見ると梅花一枝を持っていた。

……

私は法常禅師も日本民族の中核の人に違いないと思う。だからこれが、日本民族の中核の人

達の交通の有様である。（同右）

道元は岡潔に対して、道元に対する法常禅師の役割を果たしたのである。三十年山中で思いを凝してついに大悟するところなどは、いかにも法常禅師の行為に打算が混じっていなかった様子をうかがわせるに足るが、それよりもむしろ岡は正法伝授の神秘的体験に心を打たれたのであろう。

芥川龍之介の手引きで芭蕉を知る

岡と道元の関係についてはいっそう克明な究明を要するが、芭蕉との出会いははるかに古く、少なくとも京大の学生時代までさかのぼることが可能である。手引きをしてくれたのは芥川龍之介である。

私は芥川龍之介に芭蕉の俳句を手引きしてもらった。「芭蕉雑記」、「続芭蕉雑記」がそれである。なによりも芭蕉の句の調べというものを教えてもらった。（『日本民族』所収「芭蕉」）

その芥川龍之介には京大時代から親しんでいた。芥川は「会ったことのない古い友人」だった。

また芥川をひどく愛読し始めたのも大学へはいってからで、芥川の作品がのった雑誌を買い遅れたりすると、ぜひ今夜のうちに手にいれたいというので、熊野神社から寺町まで、丸太町通りの本屋という本屋を全部たずねて歩いたものです。大学を出て三年目の年に芥川が死にましたが、早大出で芥川の愛読者だった友人が、朝早く血相を変えて植物園前の私の家をたずね、格子戸をガラッとあけるなり「岡さん、大変だ、大変だ。芥川が自殺したよ」と叫びながら飛び込んできた。それほどの芥川の愛読者だったのです。だから私は芥川のことを〝古い友人の芥川、ただし会ったことはありませんが〟といっています。

（『春の草　私の生い立ち』所収「書物の上の友人〝芥川〟」）

友人「松原」とリーマン

道元と芭蕉が「純粋な日本人」であることは言うまでもないが、三高京大時代にはなお二人の「純粋な日本人」に出会っている。ひとりは松原という名の友人であり、もうひとりはドイツの数学者リーマンである。

死んだ人たちの例ばかりあげたが、別に死ななければならないというのではない。私の友人に松原というのがある。三高を一緒に出て京大の数学科にもともに学んだ。二年の初めに幾何の西内先生にヘルムホルツ＝リーの自由運動度の公理を教わって感動し（西内先生はそのとき「ナマコを初めて食ったやつも偉いが、リーも偉い」といわれた）リーの主著「変換群論」を読み上げるのだといって、ドイツ語で書かれた一冊六、七百ページ、全三冊のその本を小脇に抱え、かすりの着物に小倉のはかまをはいて、講義を休んで大学の図書館に通っていた。この図書室はみんなが勉強していて、その空気が好きだからといっていた。講義を聞きに通う私とは大学の中のきまった地点で出会うのだが「松原」というと「おお」と朗らかに答えるのが常だった。

この松原があと微分幾何の単位だけ取れば卒業というとき、その試験期日を間違えてしまい、来てみると、もう前日すんでいた。それを聞いて私は、そのときは講師をしていたのだが、出題者の同僚に、すぐに追試験をしてやってほしいとずいぶん頼んでみた。しかしそれには教授会の承認がいるなどという余計な規則を知っていて、いっかな聞いてくれない。そのときである。松原はこういい切ったものだ。

「自分はこの講義はみな聞いた。（ノートはみなうずめたという意味である）これで試験の準備もちゃんとすませた。自分のなすべきことはもう残っていない。学校の規則がどうなっていようと、自分の関しないことだ」

そしてそのままさっさと家へ帰ってしまった。このため当然、卒業証書はもらわずじまいだった。

理路整然とした行為とはこのことではないだろうか。もちろん私など遠く及ばない。私はその後いく度この畏友の姿を思い浮べ、愚かな自分をそのつど、どうにか梶取ってきたことかわからない。

（『春宵十話』所収「日本的情緒」）

クラインは、二十五歳のリーマンはもうカナリヤのように囀っていたといっている。十九世紀は私は理想の世紀だと思っているのであるが、その代表者を一人あげよといわれたら私は躊躇なくこの人をあげる。リーマンのエスプリ（これがその人だというその精神）は高い理想を追い求めてやまない。この人の論文はすべてその理想の実現の可能性を示すために書かれている。だからこの人の死後百年になるが、この人の仕事は今日になっても少しも色褪せていない。

この人と私との関係であるが、この人だけは私は分身という気がする。この人の論文を読み始めると、私の心はすっかり解放されてしまって、好き勝手な空中楼閣を描き続けてやめない。だからこの人の論文を本当に通読することは、私には不可能である。

（『昭和への遺書　敗るるも　またよき国へ』所収「敗るるも　またよき国へ」第九節「西の子の文化」）

リーマンはスイスの生まれであるが日本民族は随分古い。私はこの人は日本民族の中核、たかみむすび達の一人ではないかと思っている。

（同右）

友人「松原」は「少しも打算を伴わない行為」の人なのであるから、疑いもなく「純粋な日本人」である。だが、リーマンを「日本民族の中核」の人とする理由は幾分微妙である。岡はリーマンの論文のみを通じてリーマンに親しみ、深い懐かしさをもって、「この人だけは私は分身だという気がする」と不可思議な心情を吐露している。岡とリーマンは余人の介在を許さない緊密なきずなで結ばれて、さながら二人だけの世界に住んでいるかのようであった。岡の神秘のひとことを理解して、この間の消息に通じることができるようになるまでには、果てしのない彷徨が必要であった。岡の数学論文集から出発してリーマンへと歩を進め、そのうえでなお三日目の数学の全容を見渡して、岡とリーマンをその中に配置して丹念に相互関係を観察しなければならなかった。

今は確信をもって言える。岡の多変数関数論はリーマンの一変数関数論に直接つながっている。両者を媒介する何物も存在せず、リーマンの世界をそのままの姿で延長していけばおのずと岡の世界が開かれてくるのである。リーマンこそ、数学の世界でも岡の唯一の先達である。岡はさながら日本のリーマンであるかのようである、と。リーマンが果たして打算のない行為の人であったか否かは知る由もないが、リーマンは「高い理想を追い求めてやまない」人であり、岡はそのエスプリに心を打たれてリーマンのような数学者になったのである。そうして高い理想を心に抱いて真に追い求めようと欲するならば、その行為は必ずや純粋であり、一片の打算も伴わないにちがいない。理想を追い求める心の持ち主は打算のない行為の人であり、両者は重なり合ってひとつの清らかな人格を形成するのである。

こうしてリーマンもまた「純粋な日本人」であることが判明した。その理由は友人「松原」の場合とまったく同一であると言わなければならない。

楠木正成正行父子、弟橘媛《おとたちばなひめ》、松浦佐用媛《まつらさよひめ》

三高京大時代からひと息にさかのぼって幼年期に目を向けると、そこにもまた一群の「純粋な日本人」がみいだされる。楠木正成正行父子、弟橘媛、松浦佐用媛などがその人々である。

私は一九〇一年に生まれた。明治でいえば三十四年、日露の風雲将《まさ》に急ならんとする時である。だから私は夜は父に軍歌でねかしつけてもらった。……どんな軍歌かというと「ああ正成よ正成よ」「そもそも熊谷直実は」「坊やの父《とう》さんどこえ（行）った、国のことをば苦に病んで監獄所へとおいきやった」「四百余州を挙《こ》ぞる、十万余騎の敵、国難ここに見る、弘安四年夏の頃」……である。

……

父は私に、日本歴史中の人物の個々の行為について「心情の美」を教えようと努めたものと想像される。

……

父はまた、日本人は桜の花が好きである、それは散りぎわがきれいだからである、と教えた。

私には、父の話してくれる、北畠顕家や楠正行の率いる若人たちの死を恐れぬ疾風の進軍が、パッと咲いた花吹雪を見るように美しく思えた。今でも、小学校で習った唱歌「吉野を出でて打ち向う、飯盛山の松風に……」を口ずさむと、そのときの感激がピリピリッと背骨を走る。

（『春風夏雨』所収「春風夏雨」第六節「湖底の故郷」）

楠木正成については、

もっとくだると楠木正成がいる。正成は深く大義に思いを凝らし、一度立って千早の孤城を守るや、北条氏が日本全国の兵を集めて攻めても抜くことができなかったのである。それほどの智謀の士が、尊氏の東上に際し策を献じて容《い》れられざるや、易々として廟議《びょうぎ》に従い湊川に戦死したのである。

（『一葉舟』所収「梅日和」）

という、もう少し詳しい記述も見られる。正成は自己犠牲の人で、湊川の戦いはそれを明示していると考えられるであろう。学生時代に九段会館の講演会で耳にして驚かされた楠木正成の話の淵源は、実に幼年期の父の軍歌にあったのである。

弟橘媛についてはこんなふうに語られている。

……歴史時代の始まりは、「はつくにしらすすめらみこと」即ち崇神天皇、次は垂仁天皇、次は景行天皇、その景行天皇の皇太子に日本武尊（やまとたけるのみこと）という方があった。そのお妃が弟橘媛である。

日本武尊は始めに九州に熊襲（くまそ）を討ち、次に東国に蝦夷（えぞ、今のアイヌ）をお討ちになって、東京湾を渡ろうとなさった。この時同じ船に弟橘媛もお乗りになっていた。そうすると突如として颱風が襲いかかって大波が立った。当時の人達はこれを竜王の怒りと思っていた。そしてこんな時には乗っている女人を竜王にささげるとその怒りを解くことが出来ると信じていて、この時も船中にその議が出た。そうするとかしづく侍女達をかき分けて、媛はすっくと船側にお立ちになった。愛する夫君のお身代りになる御決意である。ふり返って夫君と最後の目を交えられると、そのまま緋の袴を躍らせてさかまく蒼海にざんぶと飛び込まれたのである。

（『昭和への遺書　敗るるも　またよき国へ』所収「敗るるも　またよき国へ」第五節「真我の情」）

松浦佐用媛の話は次の通りである。

……景行天皇の次は日本武尊の御子仲哀天皇、次は応神天皇である。この頃朝鮮半島には三韓といって、しらぎ、くだら、みまなという三国があったのだが、応神天皇の御世に日本は三韓を討って、毎年貢を天皇にささげさせた。それから大分後の話であるが私は何時のことかよく知らない。その頃になると三韓はもう朝貢していなかった。しらぎが一番強く、みまなが一番弱くいつもしらぎにいじめられた。それでみまなは日本の保護を仰いでいた。その日本の駐留軍の交替があって、佐用媛の夫は新しい駐留軍の、多分副司令官として、石見の国を船出した。佐用媛は岬の小高い所に登って、いつまでも、ひれといって薄い紗のマフラを旅立つ夫にふっていて、到頭そのまま石に化してしまったといわれているのである。

これで「大和乙女の恋」は何時でも恋に死ねる（失恋自殺なんかは含まない）ものであることがわかった。（同右）

道元、法常禅師、芭蕉、友人の松原隆一、リーマン、正成正行父子、弟橘媛、松浦佐用媛。これらの人々は言わば「純粋な日本人」の原型であり、岡潔はセザンヌを契機として己事の究明に向かう時期よりもはるかに以前から、これらの一系の人々に深く親しんでいたのである。

思えば人生の旅路の回想こそ、己事究明の第一歩である。なぜなら人間の存在様式は歴史的であり、今ここにいる自分というひとりの人間は、これまでの人生の歩みそのものを素材として組み立てられていると考えられるからである。岡潔は人生を逆にたどって出発点に立ち返り、父の教えを回顧した。父は「純粋な日本人」の「心情の美」を教えてくれたのであった。また祖父の教えを想起した。祖父の教えは「人を先にして自分を後にせよ」という簡明な一箇条に尽されていた。

私は道義を祖父に教えられたのですが、そういう人の教えだったから私がよくきいたのだ、といわなければなりません。どういう道義かといいますと、祖父のいうことを総合してみると、「人を先にし自分を後にせよ」ということをいい通した人なのです。

（『春の草　私の生い立ち』所収「幼時に祖父の教え」）

祖父に教えられた道義の本質は自己犠牲の心である。すなわち無私の精神である。そうして父は自己犠牲の行為、無私の行為を支える心情の美しさを教えてくれたのであるから、父と祖父の二通りの教えは相互に重なり合って、ある美しい人間類型を描いていると考えられるであろう。道元、芭蕉、友人の「松原」、リーマン。これらの人々の行為の中には確かにそのような共通の人間類型のイデーが認められるように思う。岡潔は青春期以降に出会って心をひかれてならない人々を前にして、魅せられてならないまさしくその理由を自問して、深い究明をみずからに課したのではあるまいか。

究明は遡行して幼児に及び、父と祖父の言葉が遠い懐かしさを伴いながら思い起された。そこは正成正行父子、弟橘媛、松浦佐用媛が生きて働いている世界であった。するといっさいが判明した。岡潔は本来の自己を発見し、自分もまた彼らと心情の型を同じくする人であること、すなわち「純粋な日本人」の一員であることを自覚したのである。

日本民族の流れ

歴史的存在としての人間のあり方をめぐって、もうひとつの重要な論点が残されている。なぜなら、人間は歴史的存在であるという場合、「歴史」という言葉の裡には、軸を異にする二種類の時間が流れていると考えられるからである。人はこの世に誕生して以来の人生の旅路そのものと併せて、なおもうひとつの時間の流れから構成されている。それは民族の流れである。

新しく来た人たちはこのくにのことをよく知らないらしいから、一度説明しておきたい。このくにで善行といえば少しも打算を伴わない行為のことである。たとえば橘媛命《たちばなひめのみこと》が、ちゅうちょなく荒海に飛びこまれたことや菟道稚郎子命《うじのわきいらつこのみこと》がさっさと自殺してしまわれたのや、楠正行たちが四条畷の花と散り去ったのがそれであって、私たちはこういった先人たちの行為をこのうえなく美しいとみているのである。

「白露に風の吹きしく秋の野はつらぬきとめぬ玉ぞ散りける」という歌があるが、くにの歴史の緒が切れると、それにつらぬかれて輝いていたこういった宝玉がばらばらに散りうせてしまうだろう、それが何としても惜しい。他の何物にかえても切らせてはならないのである。そこの人々が、ともになつかしむことのできる共通のいにしえを持つという強い心のつながりによって、たがいに結ばれているくには、しあわせだと思いませんか。ましてかような美しい歴史を持つくにに生まれたことを、うれしいとは思いませんか。歴史が美しいとはこういう意味なのである。

（『春宵十話』所収「日本的情緒」）

時間軸を異にする二つの歴史、個人の歴史と民族の歴史は決して無縁ではない。民族の歴史は無限に繰り返されるさまざまな人々の個々の歴史を縦糸横糸として織り成されると考えられるが、他方、ぼくらのひとりひとりはみなそれぞれに、人生の旅路の中で民族の歴史の全体を追体験するかのようにも考えられるであろう。個人の歴史は民族の歴史に包摂されていて、しかも同時に民族の歴史の反映である。それゆえ、人生の回顧を端緒とする己事究明の歩みは必然的に民族の歴史の回想へと向かうであろう。岡の場合、それは日本民族の歴史を新たにたどりなおしつつ、「純粋な日本人」をひとりまたひとりと採集していく作業であった。こうして「純粋な日本人」の新たな系譜がみいだされた。

これで大体典型的な日本人とはどういう人をいうかわかったし、私もその一人だという自覚を得たから、日本歴史からその人を選んでその行為をよく見た。

（『一葉舟』所収「梅日和」）

何よりも先に菟道稚郎子は「純粋な日本人」の典型である。

日本民族の中核の人の典型は菟道稚郎子（うじのわきいらつこ）である。稚郎子は応神天皇の末子であるが、聖賢の道を説いた学問が非常によくお出来になったから、父天皇はこういう子を天皇にすると国がよく治まるだろうとお思いになっていたのであるが、何もきめない中にお崩れになった。そうすると民の望みはすっかり稚郎子に集まった。いくら稚郎子が、後の仁徳天皇が長子であることといい、御仁心といいこの人こそ天皇にすべきであるとお説きになっても駄目である。稚郎子はこの情勢を見て、さっさと自殺しておしまいになったのである。何という崇高さだろう。

（『昭和への遺書　敗るるも　またよき国へ』所収「敗るるも　またよき国へ」第八節「日本民族」）

聖徳太子も「純粋な日本人」である。

それから聖徳太子がある。仏教をこの国に取り入れるために、やがて御一家が焼き滅ぼされることをさえお厭《いと》いにならなかったのである。

（『一葉舟』所収「梅日和」）

「純粋な日本人」に直接出会ったこともある。それは九州八女市在住の画家、坂本繁二郎《さかもとはんじろう》のことで、『春の草　私の生い立ち』が刊行されてまもない昭和四十一年十月のある日（正確な日付はわからない）、岡潔はみちさんともども西下して、筑後柳川の料亭「お花」において坂本繁二郎と対談した。

自覚した日本人に会えたと思ったのは坂本繁二郎さんに会った時だけである。二時間程話し合っていると、坂本さんは突然ハラハラと涙を流して「日本の夜明けという気がします」と言われた。そうすると私も、私は長い間「頭の冬眠状態」で困っていたのだが、その頭の冬枯れの野が一時に生色を帯びたような気がして、背もすっくとのびた。そうすると、これは私の情緒の中心の故障から来ていたのであるが、それが一遍に直ってしまった。

（『昭和への遺書　敗るるもまたよき国へ』所収「敗るるもまたよき国へ」第八節「日本民族」）

こんなふうに挙げていくと果てしがないが、著作『月影』に「日本民族列伝」という一節があり、何と（「特攻隊」を一人と数えて）二十九人もの「純粋な日本人」が七群に分類されて列記されていて、「史記列伝」を思わせる風情を醸している。

こうして岡潔は「純粋な日本人」たちを中核とする美しい日本史を発見した。セザンヌに始まる己事究明はここに結実し、民族主義者「岡潔」が誕生したのである。

七　日本民族

数学者リーマン

岡潔の第七エッセイ集『一葉舟』の冒頭に「科学と仏教」と題する一章があり、十二個の短い文章が集められている。三番目の一文には「大数学者にも限界」という小見出しが附せられていて意表をつかれるが、その大数学者とは十九世紀のドイツの数学者リーマンのことである。

リーマンといえば岡潔にとってほかの人ではない。リーマンは岡潔の分身であり、日本の神々のひとり、日本民族の中核に位置を占める人であった。リーマンのエスプリは「高い理想を追い求めて」やむことがなく、その論文はみな「その理想の実現の可能性を示すために」書かれたのであった。深い懐かしさをもって岡潔が物語るリーマンの回想はいつでも天上の出来事のように美しかった。だが、ただ一箇所、『一葉舟』のこの場所にだけ、リーマンの限界が忽然と書き留められているのであった。

四十二年はちょうどリーマンの百年祭であるが、この人のした仕事は、まるで昨日なされたような鮮度を保っている。それほどのリーマンであるが、大観すれば、他のヨーロッパの諸大数学者と同じく、一年生の草花であることを出ない。

その理由は次に説明するが、仏教がないから、そうなるのである。

（『一葉舟』所収「科学と仏教」。「四十二年」は「昭和四十二年〈一九六七年〉」。リーマンの没年は一八六六年である。）

リーマンが一年生の草花にすぎないと言われても虚をつかれてたたずむばかりであり、仏教がないからそうなるのだと追い討ちをかけられれば、あてどのなさはますますつのるばかりである。しばらく「その理由は次に説明する」という岡潔の言葉に追随し、引き続く一文に目を通したいと思う。それには「数学に不死の信念」という小見出しが附せられている。

欧米人は、今の大抵の日本人のように、人は死ねばそれまでと思っている。こういえば、欧米人はキリスト教を信じているからそうではない、という人があるかもしれないが、それくらいでは「それまで」という言葉の意味が少し変わるだけである。

それで、今の数学者は自分が生きているうちに、研究を一応仕上げておかなければならないと考えている。しかもそういう研究の集まりが数学であるから、数学というものは絶えず進んでいなければならないのであって、立ち止まればそれまでだと考えている。それでは馬車馬と同じことである。

……この馬車馬式のやり方は全然おもしろくないわけではない。換言すれば、数学は組み合わせによって問題をつくりそれを解いて進展するものともいえるが、組み合わせの数は無限にありうるので、理論的にその可能性があるといえても、すぐに人力の限界を越えるので行き詰まってしまう。これはすべて、人は死ねばそれまでと思うからである。

もし「不死の信念」をもってやればどうなるだろうか。

そうすると、この一生をながい旅路の一日のように思うだろう。そうなれば数学する人は、やれば数学にとってプラスになるか、マイナスになるかをいちいちやる前に考え、もし間違えてマイナスになるようなことをやっても、それを発表しないだろう。このやり方でやれば数学の実体である事々《じじ》無碍《むげ》法界《ほっかい》（最上の世界）に触れることができる。（これからみれば〝欧米人の数学〟はその影の描写に過ぎない）従って数学はやればやるほど簡単になるはずであり、組み合わせの数は無限にあっても、行き詰まるはずはないのである。といってもしょせんは人のすることだから、比較的な話に過ぎないが、一年生の草花と、常緑樹くらいのちがいはあるように思われるのである。

仏教から不死の信念一つだけを取り入れただけでも、真善美はこんなにも変わるのである。私はこれまでに「春宵十話」「風蘭」「紫の火花」「春風夏雨」などを書いたが、そこでは学問や芸術および人生を、次第に仏教に近づけてきた、といえばいいうるのであって、とくに無差別智の働きが非常に大切であることを主張してきたのである。私たちはここで、仏教から無差別智に関する知識を取り入れたらどうかと思う。（同右）

次々と繰り出される巧みな比喩に目を奪われて、陶然とするばかりで判然とせず、なかなか難解な説明と言わなければならない。今の数学者の数学のやり方は馬車馬式であり、「欧米人の数学」は、数学の実体である事々無碍法界の影の描写にすぎない。なぜそのようになってしまうのかといえば、人は死ねばそれまでと思っているからである。ところがこの観点を大きく変換して不死の信念をもって臨むことにするならば、ぼくらは永遠の旅人であるかのようであり、一生はさながら永遠の旅路の途中のある一日の歩みのようである。真善美の姿は一変し、ぼくらはそのときはじめて数学の本質にこの手で触れて、その生命感を感知することができるのである。「死ねばそれまで」の数学は一年生の草花であり、「不死の信念の数学」は常緑樹である。

ぼくらは不死の信念を持ちたいと思う。それは無差別智の働きの賜《たまもの》であり、仏教は無差別智が働くときの様相を教えてくれるであろう。ところが欧米には仏教がない。そのため欧米の大数学者たちにとって不死の信念は根本的に無縁である。リーマンといえども例外ではないのであるから、こうしてリーマンの数学がなお一年生の草花でしかありえない理由が明るみに出されたのである。日本民族の中核であり、たかみむすびの神々のひとりであるリーマン。岡潔が「この人だけは私は分身という気がする」と親密な一体感を吐露したことのあるそのリーマンの数学も、仏教と無縁であるばかりに「死ねばそれまで」の一年生の草花に擬せられてしまった。疑問は百出して、目のくらむような情景である。

欧米人は数学の実体に触れることができず、彼らの数学はその影の描写にすぎない、と岡潔は語っている。言葉の迫力にうながされ、そうなのかもしれないとかすかにうなずきながらも、ぼくは心の奥底からわき起ろうとする奇異感をなかなか押さえ込むことができなかった。この世界に二色《ふたいろ》の数学が存在するとは思いも寄らない事態であった。今日、数学の名をもって呼ばれている学問とは、岡潔のいう「欧米人の数学」そのものにほかならず、それが常識というものであった。岡潔自身、京都大学で近世ヨーロッパ数学の洗礼を受け、フランス留学を機に生涯の研究テーマをそこに発見したのである。それならその数学が「欧米人の数学」以外の何物かでありうるとは、何人《なんぴと》が想像することができるであろうか。

いずれ劣らぬ巨大な謎を内包し、神秘の光をたたえている岡潔の数々の言葉の中でも、これはまたとびきりの難問であった。途方に暮れて日々嘆息を繰り返しながら、ぼくは岡潔の数学論文集を解読し、また「欧米人の数学」を勉強した。数学史論の構想をたて、十数人の（ヨーロッパの）大数学者の諸論文をひとつまたひとつと読み重ねた。わけてもガウスの若い日の著作『整数論』とリーマン全集の解明に力を注いだ。やがて岡潔のいう情操型発見に似た出来事が生起した。

岡潔はあるところで、

……心の中に数学的自然を生い立たせることと、それを観察する知性の目を開くということの二つができれば数学がやれることになる。（『春宵十話』所収「春宵十話」第九話「情操と智力の光」）

と語っていたことがある。ぼくはこの断片的な数語に心をひかれ、岡潔のお念仏のように、陰に陽につぶやきながら日々をすごした。すると霧が晴れて次第に山容があらわになっていくように、ある日ぼくの心に奇想が芽生え、やがて明るい輪郭をもって浮き彫りにされていった。

数学的自然と数学的自然観

数学はやはりひとつである、と今は思う。数学は数学的自然を対象とする自然学の一分野であり、数学という学問が成立しうるための一大前提として、古今東西、時空をこえて、人々の意識の根底にはおそらく単一の数学的自然が想定されていると考えられるからである。ぼくらは生きた数学的自然のそのいのちの泉に手を差し伸べて、数学のいのちの水を直接この手で汲みたいと思う。それがぼくらの心からの願いであり、そのような営みこそ、真に数学の名に値する唯一の学問的営為である。だが、そのためには羅針盤が必要である。数学の羅針盤。それは数学的自然観である。

ぼくらは何らかの数学的自然観に思いを託し、それを信頼し、指示された方角に向けて歩みを運んでいくのである。数学的自然観がなければぼくらの行く手は定まらず、必ずや勝手に「組み合わせによって問題を作り、それを解こうとする」ことになるにちがいない。あてどのない彷徨をどれほど続けても、ぼくらは決して数学的自然の生命に触れることはできないであろう。

ところで、たとえ数学的自然は単一であろうとも、数学的自然観はひとつとは限らない。それどころかむしろ、ぼくらのひとりひとりに固有の色合いをさまざまに反映して、多種多様な数学的自然観の存在を想定しなければならないであろう。そうして個々の数学的自然観に呼応して数学と数学史が成立する。今、歴史上のある時期に、世界のどこかで、何らかの形である数学的自然観の発生が認められたとして、しかもそれが相当に長期に及ぶ歳月の間に人から人へと継承されていく様子が観察されたとしよう。そうしてやがて継承者も途絶えがちになり、古代ギリシアの数学の場合のように完全な断絶にまではいたらないとしても、意気盛んなころに比して見る影もないほどの衰えを見せ始めたとしよう。すると、そのとき確かに、一日の数学史が芽生えて生い立って終焉したのである。

数学的自然観の姿はさまざまに可能であり、諸相は必ず変遷する。もしぼくの目が正しく見ているとするならば、今日までに、全数学史を通じて三種類の数学的自然観の織り成す四日間の数学史の興亡が観察されるのである。ぼくは思う。岡潔はおそらく多彩な数学的自然観と諸相の変遷の可能性を直観的に把握して、ひそかに自家薬篭中のものとしていたのではあるまいか。「死ねばそれまでの数学」と「不死の信念の数学」の対比を物語る岡の不思議な言葉の中に、岡の心に生起したあれこれの出来事の、かすかな反響を聞き分けることができるのではあるまいか。

岡の直観はみごとに正鵠を射ぬいていたが、それはひとえにまっすぐな己事究明の賜《たまもの》である。なぜなら、理想の数学の姿を克明に描くためには、何よりもまず理想を追い求めようとする主体の根底に、真実の自己が発見されていなければならないからである。小我の判断する好悪感に身をゆだねれば、理想の数学の姿はたちまち見失われてしまうであろう。ぼくらは真我の声に耳を傾けなければならない。そうして、もし真我の要請する数学が「欧米人の数学」とは根本的に異質の数学的自然観に支えられていたとするならば、決然として「欧米人の数学」を捨て去って、真我の声が指し示す方角に向けて歩を進めていかなければならない。それが岡のいう数学の道である。岡はそのようにして、「不死の信念」をもって孤立無援の想像の道を歩き続け、孤高の常緑樹になったのである。

岡の口調に漂う普遍性の響きに惑わされてはならない。「不死の信念の数学」の担い手はもとより欧米人ではありえないが、「今の大抵の日本人」も同時に退けられているところをみれば、非西欧人が一般的に想定されているとも思われない。岡の念頭にあったのは、古今東西、世界中の数学者の中でただひとり、岡潔自身のみであったにちがいないとぼくは思う。岡は客観的な観察事項を報告したのではなく、そのような表現様式を借りて、みずからに固有の特異な数学的自然観を語ったのである。

欧米人の数学と岡の数学

リーマンはガウスのエスプリを受け止めて、アーベルとヤコビのバトンを継承して岡潔に手渡した数学者である。仏教はなかったが、リーマンは確かに長い旅路の一日を歩んだのであり、岡の数学と同じく、リーマンの数学は紛れもなく一本の常緑樹であった。そのリーマンを岡は一年生の草花になぞらえたが、ぼくらはここに、リーマンとは異質の数学的自然観のかすかなきらめきを感知しなければならないのではあるまいか。

孤高の常緑樹とも見紛う岡の数学。そこにはおそらく真に新しい数学的自然観、第四の数学的自然観の成立が認められることであろう。いつの日かぼくはその姿を正しく把握して、明確なロゴスをもって描出し、明日の数学の礎石を据えたいと思う。そのとき岡の数学は無限の緑野に果てしなく続いていく常緑樹の並木の第一樹に位置を占めるのである。その日の訪れを心から願っている。

数学と宗教

岡の言葉にはもうひとつの巨大な問題が姿を現している。それは仏教の問題である。岡は数学の実体は事々無碍法界であるといい、事々無碍法界に触れるためには無差別智の働きがたいせつであるとして「仏教から無差別智に関する知識を取り入れたらどうかと思う」と語っている。数学という学問から醸される通常のイメージからすると、この世のものとも思われない奇想天外な言葉である。ぼくは苦しめられて、不毛の思索の歳月はまたしても二十年に及んだ。不思議さは増すばかりであり、断片的な数語を理解しようと試みて、そのつどあきれかえるほどに広範な事柄を調査し、思索を重ねなければならなかった。

何よりもまず岡のいう仏教の中味が大問題であった。奇妙といえば奇妙だが、岡の仏教はぼくが漠然と知っている仏教とはあまり関係がないように思われた。原始仏教も小乗仏教も大乗仏教も出てこなかった。南無阿弥陀仏のお念仏を語りながらも、別段浄土三部経への言及がなされるわけでもなかった。曇鸞《どんらん》、道綽《どうしゃく》、善導《ぜんどう》のような中国浄土教を彩る一連の宗教者も登場せず、親鸞の『歎異抄』も語られなかった。法然と浄土宗にいたっては、ただ一箇所だけ、徳川家康は天下を自分の所有物と思い誤った利己主義者であるとして、

……家康の本質は利己主義である。家康の本質はもともとそんな男なので、しかもそれを浄

土宗の信仰によって裏打ちしていたのである。
日本民族は、上代は日本を神国と考えていた。その国へはいってきて法然上人はこう言ったのである。

あみだぶと言うより外は津の国の
なにわのことも悪しかりぬべし

これは実に徹底的な排他主義であって、驚いた横車である。

（『日本民族』所収「信長・秀吉・家康」）

と、よくわからない言葉がわずかに書き留められているばかりである。困惑の度合いは深まるばかりだが、これは岡の仏教を常識的な知識をあてはめて理解しようとするのが悪いのである。語られている事柄に即して観察すれば、岡の語る仏教的世界は二本の大きな柱のみで構成されていることが諒解されるであろう。一本の柱は道元とその『正法眼蔵』であり、もう一本の柱は山崎弁栄上人とその光明主義である。そうして仏教の一語はつねに光明主義の同義語として使われているのである。

『正法眼蔵』との出会い

『正法眼蔵』に出会ったころの情景はこんなふうに描かれている。

……満州事変と日支事変の間に重苦しい日々が続いた。私は気晴らしをしようと思って、京都の七条の博物館へ行った。そしてふと嵯峨天皇の御宸筆《しんぴつ》を読んだ。

真智無差別智、妄智分別智、邪智世間智

ポアンカレーは、数学上の発見はそれまでの努力と関係なく、しかも一時にパッとわかるのだが、どんな知力が働くのだろうといって不思議がっている。数学上の発見を五度経験してだいぶ様子のわかりかけていた私は、この句を見てよい言葉だなあと思った。そして、結局「正法眼蔵」を買うことになったのである。

（『一葉舟』所収「一葉舟」）

『正法眼蔵』を買うことになったのは嵯峨天皇の御宸筆を読んでよい言葉だなあと思ったためであり、そのように感銘を受けたのは、数学上の発見が起るときに働く知力について、五回に及ぶ経験を通じて感知した事柄とよく合致したからである。飛躍が大きくてわかりにくい感じは確かにあるが、ここにはある本質的な消息が露呈しているように思う。岡の諸著作をひもとく者はだれしも、「数学上の発見はいかにして起るか」という問題に異様なほどに深い関心が寄せられている様子を目の当たりにして、強い印象を心に刻むことであろう。無限多面体のような「岡潔の世界」を解き明かす究極の鍵は、この問題にひそんでいるのである。

お念仏のはじまり

光明主義のお念仏を唱えるようになったのは、終戦の直後のことと回想されている。

太平洋戦争が始まったとき、私はその知らせを北海道で聞いた。その時とっさに、日本は滅びると思った。そうして戦時中はずっと研究の中に、つまり理性の世界に閉じこもって暮した。ところが、戦争がすんでみると、負けたけれども国は滅びなかった。その代わり、これまで死なばもろともと誓い合っていた日本人どうしが、われがちにと食糧の奪い合いを始め、人の心はすさみ果てた。私にはこれがどうしても見ていられなくなり、自分の研究に閉じこもるという逃避の仕方ができなくなって救いを求めるようになった。生きるに生きられず、死ぬに死ねないという気持だった。これが私が宗教の門に入った動機であった。

(『春宵十話』所収「宗教について」)

熱心にお念仏に打ち込み始めたのは戦後になってからのことだが、ぼくが採集した事実によれば、フランスから帰国（昭和七年）して七年の歳月が経過した昭和十四年はじめころにはすでに、光明主義とのえにしが具体的な形で生れていたようである。光明主義は民族主義とともに、岡潔の世界を支える巨大な柱である。ぼくは岡潔の光明主義をこの手に受け止めたいと思う。

八　光明会

出離生死の道

戦後しばらくしてからのことになるが、昭和二十九年、岡潔は秋月康夫（当時、京都大学教授）の要請を受けて四月一日付で京都大学の非常勤講師に就任し、毎週一回、奈良から京都に出て大学院の学生たちを相手にセミナーを開くようになった。セミナーの場で論文の別刷を学生にわたすとき、岡潔はきびしく、

出離の道を求めるのでなければたとえ一行たりとも私の論文は読むな。

と申しわたしたという（河合良一郎「数学シンポジウム　数学的自然」〈「大学への数学」一九八五年四月号所収〉）。この場合、「出離の道」というのは数学研究の道を意味するが、この印象の強い言葉の典拠は

山崎弁栄上人《やまざきべんねい》である。『日本の光（弁栄上人伝）』（光明修養会）に紹介されているエピソードによると、弁栄上人はあるとき、ある仏教学者に向かって、

出離生死の道を求めて一冊でも読んだことがありますか。

と問うたことがあるという。岡潔にとって数学研究は出離生死の道であったわけであり、岡潔と光明主義を結ぶえにしもこの辺に求められると見てよいであろう。

「数学は生命の燃焼」という岡潔の有名な言葉の典拠もまた光明主義である。戦後、岡潔は光明主義の別時会《べつじえ》に積極的に参加し、先達たち、特に田中木叉上人《たなかもくしゃ》の法話を聴き、大量の記録を書き遺した。その中の一枚、昭和二十二年の紙片を見ると、

信仰は生命の燃焼である。

という木叉上人の言葉が記録されているのである。

ぼくは当時の岡潔の心情を思う。昭和二十一年九月二十日の日付で書かれた岡潔の別の記録（フランス製ノートに書かれている）を参照すると、

自分ハ数学カラ佛道へ、光明主義へ入ツタノデアツタ

という言葉に出会い、ぼくらの感慨を誘う。数学もまた生命の燃焼である。「信仰」と「数学」は

通底し、木叉上人の言葉は、数学にいのちを燃やして紀見村の日々をすごしてきた岡潔の琴線に触れたのであろう。

木叉上人の法話が行われた日ははっきりしないが、岡潔は昭和二十二年六月はじめ、一日から九日まで梅ヶ畑の光明修道院で開かれた別時念仏会に参加し、木叉上人の法話を聴いているから、この時期のある日のことと見てよいと思う。

弁栄上人

真智無差別智という嵯峨天皇の御宸筆に目を開かれて『正法眼蔵』を購入した岡潔は、同時に光明主義の教えを信奉する人でもあった。光明主義というのは山崎弁栄上人が明治期に開いた浄土門の教えである。岡潔は著作『一葉舟』の中で弁栄上人を語り、簡潔にこんなふうに紹介している。

山崎辨榮上人という方があった。安政六年（一八五九）にお生まれになり、明治十二年（一八七九）、二十一歳で出家して浄土宗にはいり、わずか四年で仏眼了々と開いて見仏された。そののち一切経を読了し、浄土宗を出て「光明主義」という一宗を建てられ、大正九年（一九二〇）に亡《な》くなった。

著書は非常に多いが、その一つに「無辺光」というのがある。これは無差別智の四態（大円鏡智、平等性智、妙観察智、成所作智の四智）につき、詳細をきわめて説かれた本である。

（『一葉舟』所収「科学と仏教」）

弁栄上人は幼名は啓之助。安政六年（一八五九年）二月二十日、下総国手賀沼のほとり、手賀村鷲《わし》野谷《のや》（現在の千葉県東葛飾郡沼南町）に生れた人であり、知るほどの人の間では釈尊の再来、現代の釈尊、また「大正の法然」とも言われて厚く敬われている。唯一の伝記としてお弟子の田中木叉上人の手になる篤実な労作『日本の光』があり、岡もまたこの書物を祖述して「辨榮上人伝」（『一葉舟』所収）という一文を書いている。

弁栄上人の父は山崎《やまざき》嘉《か》兵《へい》、母は「なを」という人であった。明治十二年十一月二十日、数えて二十一歳のとき鷲野谷医王寺（浄土宗）の東漸寺大谷大康老師のもとで出家得度して、弁栄と改名した。明治十五年八月、医王寺薬師堂にこもり、二十一日間の断食称名修行に入った。同月末、筑波山にこもり、二箇月間にわたって念仏三昧の修行を続けた。明治二十七年十二月十五日、横浜港を出航し、インド巡拝の旅に出た。翌明治二十八年一月二十四日、ブダガヤ参詣。三月下旬、帰朝した。日清戦争のさなかのインド巡拝であった。帰朝後は一所不住の巡教の生活に身を投じ、法を説く旅の日々を送った。よほど魅力のある人物だったのであろう、各地で弁栄上人にまみえた人々の間に崇拝の思いが高まり、お念仏の集いが発生した。これが光明会の起源である。

明治四十五年は浄土宗の開祖、法然上人七百年大遠忌の年であった。この縁により、四月、弁栄上人は九州筑後の浄土宗大本山善導寺に向かい、その後も翌大正二年九月まで九州で宗教的活動に専念した。この間に光明主義の思想的根幹が形成されたと言われている。

公の場ではじめて光明主義を明らかにしたのは大正二年のことで、この年二月、弁栄上人は福岡県東筑浄土宗教学講習会において「浄土哲学」を講じている。その後、大正三年三月「光明会趣意書」頒布、大正四年春『大霊の光』刊行、同年四月『光明会礼拝式』刊行（翌年、改訂して『如来光明礼拝儀』を刊行した）と続き、光明主義の大系が展開されていった。大正五年、越後長岡の新潟教区教学講習会で『人生の帰趣』を講述し、大正五年六月には京都知恩院（浄土宗総本山）で開催された教学高等講習会において『宗祖の皮髄』を講述した。『宗祖の皮髄』の講演記録は今も入手可能であり、光明主義のもっとも基本的な文献の位置を占めている。

弁栄上人は浄土宗門に出た人ではあるが、同時に、一遍上人を開祖にもつ時宗の継承者としての顔をもち、時宗大本山当麻山無量光寺《たいまさんむりょうこうじ》第六十一世住職でもあった。時宗も浄土宗もともにお念仏の教えであることに変わりはなく、弁栄上人は光明主義を根底に据えて、その上に時宗と浄土宗を包摂しようと企図していたかのようである。大正八年四月、無量光寺の寺内に三年制中学校を創立し、光明学園と称し、弁栄上人はみずから園長に就任した。光明主義の布教師養成をめざしたと言われている。

大正九年秋、弁栄上人は十一月十六日から新潟県柏崎極楽寺において別時念仏三昧会の指導にあたったが、ここで病を得て、十二月四日午前六時五分、遷化した。数えて六十二歳であった。

ぼくは岡潔の案内を受けて『日本の光』を一読した。弁栄上人の名は岡に教えられるまで知らなかったが、これは一時期、一般的に見られた現象だったようで、岡に手を引かれて光明主義の門をたたいたという人は相当の数にのぼると見られている。岡の諸著作は弁栄上人とその光明主義を世に広めるうえで、驚くほど大きな力をもって作用したのである。

『無辺光』

弁栄上人の生涯には一点の私心もないと岡は言う。

その人をよく見よう。田中木叉先生著の御伝記『弁栄上人伝』がある。それを読んで一番驚くことは一点の私心もないことである。尋常一様の私心のなさではない。人のからだの数多くの細胞が仮に一つの人体を作っているのは、普通は私心が結び合わせているのである。弁栄上人の御生涯を見て、人がこうまで私心を抜いてよく生きて行けたものだと思って驚く。

（『無辺光』の「まえがき　無辺光と人類」）

『無辺光』というのは弁栄上人の著作だが、正確には田中木叉編『辨榮聖者光明大系無邊光』という書物である。古い本だが、岡の推薦を受けて昭和四十四年、講談社から再刊された。ぼくの手元にあるのもその再刊本である。岡は当時すでに講談社現代新書の形で『月影』『風蘭』『春の雲』のようなベストセラーになったエッセイ集を次々と刊行していたし、『日本のこころ』というアンソロジーも講談社から出していたから、いわば「顔がきいた」わけである。再刊にあたり、岡は巻頭に二十六頁にわたって「まえがき　無辺光と人類」を書き添えた。

再刊の底本にするため『無辺光』の原本を見つけなければならなかったが、これは困難な作業になった。講談社の社員、藤井和子さんが慶應大学の図書館で発見し、コピーを作り、底本にした。編者の木叉上人は元来、英文学者で、慶應大学で教鞭をとっていた人であるから、慶應大学に『無辺光』のオリジナルが存在したのは偶然とは言えないであろう。

岡潔がみちさんの強い要請を受けて光明会のお念仏を唱えるようになったのは、「紀見村の日々」が経過し始めてからおおよそ半年後、昭和十四年の年初のころからであった。やってみると興味がわいたらしく、熱心に取り組んでいたが、この年四月一日、父の急逝という出来事があり、これを境にぷっつりとお念仏をやめてしまったという。その後の数年はお念仏とは無縁に過ごしたが、戦争の終りかけのころから再び心を寄せるようになった。終戦後まもない昭和二十年十一月二十五日、河内柏原の小山家（みちさんの実家である）で木叉上人に会い、光明主義のお念仏の指導を受けた。この日の岡潔の日記を参照すると、

柏原デ田中木叉先生から光明主義念佛ノ御指導ヲ受ケル

と記されているが、これが木叉上人との初対面である。以後ひんぱんに会い、メモを取りながら法話を聴き続けた。岡家には今も大量の日付入りの法話の記録が遺されている。木叉上人は岡潔の手を引いて光明主義のお念仏の世界に案内した人物であった。

ぼくが聞いた話では、初対面のとき、木叉上人は言葉少なに「だまされてください」と言った。すると岡潔もまた簡潔に、打てば響くように、「だまされましょう」と答えたという。このような数語が端緒となって光明主義との深いえにしが形作られていったのであるから、木叉上人は岡潔にとってかけがえのない人物であった。しかしこの話は又聞きのそのまた又聞きであるから、真偽のほどは定かではない。光明会の古い会員たちの間に語られているエピソードである。

無辺光というのは十二光のひとつであり、十二光とは阿弥陀如来の光明の十二方面、すなわち無量光、無辺光、無礙光、無対光、燄王光、清浄光、歓喜光、智慧光、不断光、難思光、無称光、超日月光である。阿弥陀如来は光の仏であり、その光明は十二光の融合体である。そうして光明主義は十二光大系を中核にして成立する教えなのであるから、その本質は十二光の解明を通じて顕現するのである。

岡の言葉では光明主義は浄土宗を出て建てられた一宗と言われているが、ここは判断の分かれるところである。弁栄上人が光明主義を説き始めた当初より、異安心《いあんじん》、すなわち浄土宗内の異端者ではないかという噂がつきまとって離れなかったようである。『日本の光』には次のようなエピソードが採集されている。

十二月、栃木県ご巡錫《じゅんしゃく》先の金竜寺《こんりゅうじ》より家中村の渡辺家におたよりあり、かねて帰依厚かりし妻女千代子（後の厚盛尼）の喜び一方でなく、早速寺に伺えば、からっ風寒い下野の冬にもかかわらず、垢つきしフランネルのひとえと胴着だけ召され、風采にそぐわぬ長い鬚さえ蓄えられて、名刺には如来心光教会主唱者の肩書あり、随行は真言僧宮本師であったので、「お上人様はただ今、なに宗義を標榜であられますか」とお尋ねすると、如来光明歎徳章だけ印刷した小紙をさし示されたので、「これはやはり浄土宗でありますか、教会というのはどこにあるのですか」などおきき申し、心光教会の名が流行の金光教会と音が似ているので、「十二光仏の光明を宣伝遊ばすのになぜ光明会と遊ばしませぬか」と申し上げると上人は、「それは増上寺内にたしかありましたね（光明講のこと）」と軽く仰せられた。それから「浄土宗では異安心者扱をされるとの世の噂でありますが、なぜに吉水の正流をおくみになりませぬか」と申し上げると、

上人「サー、なぜですか」。

……「浄土の宗旨と一致遊ばされたら」と声涙をのんで申し上げると、さびしくほほえみなされて、

上人「ありがとう。しかしその心配はいりません」とさらに少しく緊張の態度を示され、あ

らたまって相手の名をよびかけられて、

「天台宗の異安心者が法然上人となり、また日蓮上人ともなり、法然上人の異安心者が親鸞上人となったのであります。浄土宗の末徒必らずしも法然上人の御聖意《みこころ》を汲むものばかりではありません。それもやはり異安心者であります。弁栄はしかも法然上人の聖意にかなうので、ある意味の異安心でも悪いのではありません。どうです。わかりましたか」と凝視された崇高なお態度に、夫人はただもうありがたさにみたされて思わず合掌した。

（『日本の光』所収「新しい法門」第十五節「中仙・東海」）

あるいはまた、一種異様な気迫のあふれる次のようなエピソードもある。

ある時はまた、大谷師が上人につきこんで行ったことがあった。それは浄土宗という立場から上人を見れば、どうしても異安心のようであるし、また上人の様子がどうも旧仏教を出で新浄土宗を建設するつもりのように見える。そこで綿にしこんだ火薬のような性格の大谷師は考えた。この上人を活かしていては宗門を攪乱する恐れがある。大勢力とならぬうちに上人を刺し殺すが宗門のためだと思いあまって、奮然上人に浄土宗々義の問題でせまった。すると上人「弁栄の苦心はいかにして宗祖の真精神を現代に復興せんかとの一事にある」。大谷師はただひれふして、活ける現代の法然上人はまさにこの上人よと感ずるようになった。

（『日本の光』所収「顕赫」第五節「東上途次」）

弁栄上人は浄土宗の原点に立ち返り、宗祖法然の本源の宗教的精神は純粋な形でその手に受け取って、時代の要請に応えるのに足る頑丈な身体を附与しようとして苦心を重ねたのである。正統異端問題は何らかの仕方で形式的に確立された教義を前提としてはじめて意味をもちうるが、弁栄上人は新時代の指針たるべき宗教的精神を源泉に立ち返って直接汲もうとしたのであった。弁栄上人の行為の形態は確かに宗教的天才の生き生きとした反映なのである。

光明主義への道

宗教的教義はあたかも楽譜のようであり、宗教的精神は純粋な音楽的精神のようである。混沌から形象へ。音楽のいのちの海に形象が与えられて音楽が誕生するように、宗教的精神のその生命はさまざまな教義の衣裳を身にまといつつ、幾度も繰り返してこの世界に立ち現れるのである。

宗教の生命は教義そのものに宿っているのではない。交響楽団の指揮者が楽譜を唯一の手掛かりとして音楽誕生のその瞬間へと立ち返り、その後に形象化の道を再現しようと試みるように、ぼくらは縁あって遭遇した教義を契機として、宗教的実践を通じて宗教のいのちの海へと立ち返らなければならないのではあるまいか。

十二光大系という新教義の形成をもって新しい一宗が建てられたと見ることはもちろん可能だが、他方、これをもって広く浄土門の生命が豊かに再生したと考えることもまた可能である。廃仏毀釈に始まった明治期の仏教は激動の時代に際会し、各宗派において革新の気運がさまざまに発生したことも念頭に置かなければならない。浄土真宗には清沢満之が現れて、久しく禁書扱いになっていた『歎異抄』に着目した。清沢はそのようにして親鸞に立ち返ったのである。清沢とその一門ははじめ真宗内の異安心と見られたが、今日では清沢の系統が真宗の主流になった。弁栄上人は今日の浄土宗門において、真宗における清沢に対応する位置を占めている。

さまざまな見方が可能だが、弁栄上人は、法然を「よきひと」と呼んで敬愛した親鸞のような気持ちで宗祖法然に帰っていったのではないかと思う。『日本の光』には、

上人の唯一の財産である頭陀袋（出家が首にかけて歩く荷を入れる小箱）の中には当時基督の聖書や、親鸞上人の教行信証が善導大師の法事讃、六時礼讃と一緒にたづさえられていた。

（『日本の光』所収「経を施しつつ」第五節「四大不調」）

という記述が見られることでもある。『教行信証』は法然亡きあとの浄土宗であり、光明主義十二光大系は現代の浄土宗である。弁栄上人にはことさら浄土宗を出て一宗を建てるという意識はなかったのではあるまいか。だが、親鸞の心情とは無関係に、親鸞につながる人々の手によって、後

年、浄土真宗が開かれたように、弁栄上人を宗祖とする一宗が建てられるということは十分に起りうることである。

光明主義十二光大系とポアンカレの問題

十二光の各々はそれぞれ固有の作用力を備えているが、無辺光の働きは四大智慧、すなわち大円《だいえん》鏡智《きょうち》、平等性智《びょうどうしょうち》、妙観察智《みょうかんざつち》、成所作智《じょうしょさち》である。弁栄上人はこう言っている。

無辺光の四大智慧は個人の心理の観念と理性と認識と感覚の四分類に例すべきものにて、無辺光に法身の四大智慧と報身の智慧との両方面あり。法身の四智は天則秩序の理性として自然の一切万法に徧ねく互れる理性である。四大智慧とは一大観念態と一大理性と一切認識の本源と一切感覚の本源とである。

斯の四智が万物に内存して自然界の主観客観の本元と為る。また万有を生成する統一摂理の本源と為る。また因縁相成し陰陽交感の造化の妙用の本源と為る。また感覚作用たる客観の色声香味触の相と為る。此の四智が自然界の一切万象の根元と為る。また一切衆生の知覚も運動も悉く如来四智の万物内存からして、吾人の感覚等と偽り乃至一切の心の作用の相象を現はせるものである。法身の四大智が万物の中に存在してをるから人類の精神作用も其れが分に応じて顕現したのである。

(『無辺光』所収「総論　無辺光」。漢字の字体を現在通有のものに変えて引用した。「徧」は原文のまま。仮名遣いも原文のまま。)

無辺光の四大智慧は一大観念態と一大理性と一切認識の本源と一切感覚の本源であり、「法身の四大智が万物の中に存在してをるから人類の精神作用も其れが分に応じて顕現した」のである。岡はこの四大智慧をもって、「数学上の発見はいかにして起るか」という懸案の大問題がついに解決されたと確信したようである。まずこの問題が立ち現れてくる情景を観察しよう。

私は数学の研究を天職にしている。近ごろ日本が心配になっていろいろと呼びかけているが、以前はこれしかしなかった。ここでは数学上の発見が創造である。それについて、アンリー・ポアンカレーはその著書「科学と方法」で一章を割《さ》いて詳しく述べている。数学上の発見は刹那《せつな》に行なわれるのだが、どのような知力が働くのか全く不思議だというのである。

フランス心理学会がこれを読んで大いに興味を持ち、世界中のおもな数学者に問い合わせたところ、大多数はポアンカレーと同じ返答をした。それで問題は確立した。しかし解決は今日なおついていない。わからなさはもとのままである。

(『一葉舟』所収「人という不思議な生物」)

「それで問題は確立した」と言われているが、数学の問題のように何ほどかの普遍性を備えた問題が提出されたというわけではない。岡は数学上の発見がなされるときに「どのような知力が働くのかまったく不思議だ」というポアンカレの言葉に深く共鳴し、「数学上の発見はいかにして起るか」と一般的に問うたのである。これが「ポアンカレの問題」である。問題の形状はなるほど一般的だが、根底には、身をもって経験した創造の秘跡に打ち震えている岡潔その人が横たわっている。その岡は詩人のようであり、神秘の解明をまっすぐに志すもうひとりの岡は、紛れもなく天性の科学者である。

岡はポアンカレの問題の解答を簡潔にひとことをもって言い表した。数学上の発見がなされるときに働く知力の本性は無差別智であるというのである。

私はこの数学上の発見なるものを何度も体験してよく知っている。特徴を数え上げると、考えてもいないのに、とっさにすべてわかること。疑いが残らないこと。および鋭い喜びがながく尾を引くことの三つである。

かようなものの本性は、西洋人にはわからないであろうが、東洋人には明らかである。これは仏教で無差別智と呼んでいるものである。

無差別智とは不識的に知、情、意に働いて、働きとなって現われる智力である。当人には働きだけがわかるのである。

働き方によって四種類に区別されている。大円鏡智、平等性智、妙観察智、成所作智。数学上の発見の場合は主として平等性智が働くのである。（同右）

無差別智というのは嵯峨天皇の御宸筆のあの無差別智だが、岡はこれを簡単に無辺光と同一視して、

無差別智は如来の光明である。これを無辺光という。（『無辺光』所収「まえがき　無辺光と人類」）

と語っている。すると必然的に、ポアンカレの問題は無辺光の四大智慧の働く様子を丹念に描写することによっておのずと解明されるのである。数々の岡の発見の中でもひときわ深い関心が寄せられているのは全理論の第一着手、すなわち昭和十年九月、北海道大学滞在中に起った上空移行の原理の発見である。この発見はポアンカレの問題の解明のためのモデルケースのようにみなされて、何度も繰り返して回想されている。わけても『一葉舟』所収の一文に見られる分析は克明である。そこには「このとき私にどんな智力が働いたのだろう」という小見出しが附されている。

こういう時、生命界のことを全く知らない人たちは、みな自分でしたのだと思っている。しかし、生命界のことをよく知っている人たち、たとえば道元禅師は、以下だいぶ乱暴ないい方になるが、人はみな生命の大海の中の操り人形のように、常に操られているものなのであるが、人はこれを知らないのだといっている。

生命の大海とは智の世界である。智が操るのである。

こんなふうにいえる。このとき働いた智の種類（四つある）をご説明しよう。

自分は何のためにそういうことをするのかという、いわば方向を不動にしないと、すべてがわからなくなってしまう。この何のためにを、真の意味で固定して微動だにさせないものは、平等性智である。

自分が流れか、流れが自分かわからなくなってしまっている。このことあらしめているものは、妙観察智である。

終わりには、なんだか図書室が左の手のひらへ乗るようになってしまう。このことあらしめているのは、大円鏡智である。これは一巻五、六百ページ、全三巻くらいの専門書で実験するといっそうよくわかる。それが左の手のひらにのるような気持ちになってきてからでないと使えない。このことあらしめているものが大円鏡智だというのであって、だから一口にいえば、その人に学問あらしめているものは、大円鏡智である。

私は今、それをここに書いている。書くといっそうよくわかって、書きながら考えている。そのときは、たとえば言葉がだいぶ手助けしている。自分の言葉が、と断わらないといけないかと思うが、このとき働いたのが、成所作智である。

四智が協力して操ってくれたのである。

……問題が決まったのが一九三〇年、それについで一九三四年の暮れまでは、受け入れ態勢のできていった時期である。

これは、このかなりながい期間に、私のさす所が確固不動のものになったのである。これあらしめたものは平等性智である。

一九三五年にはいって、初めの二か月間にはベンケ＝トウルレンの文献目録を心の中の箱庭に変えている。……

これは複雑であって四智のすべてが動くからできるのである。

一九三五年の第二期の三か月間を見よう。これは典型的な思考の過程であって、可能性の場合を尽くしたのである。ただし尽くしたというのは主観的な言葉であるが。

このとき主として働いたものが何であるかを見よう。

昨日までは全部むだ、日曜に学校の私の部屋にいく、足どりも軽くいく、電気ストーブがチンチンとなる。うれしくなる。これが知的情緒である。そうすると、春の季節が来ればスミレがおのずから咲き出すように、一つの花が咲く。これがこのさいの可能性であるが、それを未だ試みざるプランに変えなければならない。そうしてプランが立つのである。

プランが一つ立つまでの間がこんなにも複雑である。これはあたりまえで、人の生命のメロディーはこんな瞬間に出るのである。

……

まずこれは、それまでの知識が智的印象として心の中に貯えられていなかったらできない。この印象が種である。

これは心の中にある阿頼耶識という所に種をまくのであるが、阿頼耶識と人体とのつながりは知らない。

もし肉体あらしめているものを自他弁別本能とのみ解するならば、阿頼耶識とはつながらない。

……それあらしめているものは、主として智的情緒であるが、他の諸情緒も働くであろう。時を情緒化しているものは何かということになった。

……

人は心の糧を咀嚼玩味して情緒化する、と私はいった。

一応の咀嚼は理性である。これは平等性智である。一応の玩味は感性である。これは妙観察智である。

次の問題は情緒化するとは何かである。

智は存在化するといった。これは平等性智である。

情は純化するといったかしら。ともかく紅白粉《べにおしろい》を落として素顔だけにするのは何だろう。これも平等性智である。

意志は霊化するといった。これは平等性智である。

感覚は浄化するといった。これも平等性智である。

結果は実に簡単であった。心の糧を情緒化するものは平等性智である。時を情緒化するものは平等性智である。

これをやって情緒化しておけば、生命のメロディーという形で天上（生命界）に貯えられる。

……

私はすべてこうしてきたから、今はごく簡単で、スミレが咲かせたかったら春を呼べばよい。

スミレの花を可能性というものにするのは？

一輪のスミレにスミレというものを見なければならない。妙観察智である。一即一切、一切即一。最後の即一に至って、具体的な一つのプランである。

やれやれ、やっとプランを立てることができた。

私は、もしこのプランが第一着手の発見に役立ちうるならば、ここはこうなっているはずだがという、その着目点を捜すのである。これはすぐできる。同じ妙観察智だから。

そのあとだが、これは大体普通人がいう数学だから、何が何だかわからない。

しかし主体は、妙観察智と平等性智である。

（『一葉舟』所収「一葉舟」）


岡潔の言葉はさながら天上の音楽のようであり、語られている個々の事柄について是非を論じるのは不毛である。ぼくは思う。岡の心には詩人の感受性と科学者の悟性が宿っている。岡は数学上の発見という出来事の神秘に心を打たれ、二つの根本的な問いを心に問うたのではあるまいか。数学上の発見をなしえた自分が今ここにいて、発見の鋭い喜びに満たされながらも、深い不可思議の闇に覆われている。では、その自分とは何者なのであろうか。これが第一の論点であり、ここでは透徹した己事究明が課されている。また、発見の様相はどこまでも自力でありながら、しかも自力を超越しているように思われた。どうしてこのような発見をすることができたのであろうか。この発見はどこからやってきたのであろうか。これが第二の論点であり、ここでは己事究明の行き着く果てに開かれてくる究極の世界相が尋ねられている。

長い究明の結末はこんなふうである。自分は純粋な日本人であり、純粋な日本人としての自覚をもって数学に心を寄せている。その自分の心に無差別智が働きかけたまさにそのとき、どこかしら天上の世界から数学的発見が舞い降りたのである。

日本民族の心を語りながら、同時に光明主義のお念仏を唱えた岡潔。芭蕉に心を惹かれ、『正法眼蔵』に親しむ一方で、お念仏を唱えながら不定域イデアルの理論を建設した岡潔。多彩に変容を重ねて見る者の目を惑わせる岡の世界の中核には、豊穣な詩的直観と高い科学的認識に恵まれたひとりの数学者が生きている。それが岡の本当の姿である。

民族の歴史に深く心を寄せて自己を融け込ませようとする岡の民族主義には政治的な動機は見られないが、その一方では、そこには民族主義というもののもっとも純粋な精神が美しく結晶しているように思われる。岡の光明主義は救いや悟りを語らないが、その一方では、どこかしら釈尊の遠い声が反響しているかのようである。

木の葉の香

著作『一葉舟』の巻末に「ラテン文化とともに」という一文があり、フランス留学期を中心に据えて、前後の情景が美しく描写されている。岡潔のすべての著作の中でぼくの一番好きな文章である。試みに小見出しを書き並べるとこんなふうである。

発端
パリ大学
マルセーユ、ニース

ソルボンヌの二、三年目
ラテン文化の底深さ（その一）
特別講義
サンジャルマン・アンレーの冬
カルナックへの避暑
ラテン文化の底深さ（その二）
巨石にもたれて
レゼイジーに移る
なぜ留学を延期してもらったか
私は日本人というスミレ
「はかなき夢を」
日本民族という私の宿命の星
木の葉の香
私の数学研究のその後
情緒
芭蕉と道元
大和乙女の恋

こうして概観すると、さながら岡潔の世界全体の箱庭であるかのような感慨がある。末尾の辺に「木の葉の香」とあるが、これは日本の木の葉の香である。

日本へ着いて親戚に迎えられて、父母の家に帰ろうとして大阪市から高野電車に乗った。紀見峠の手前の天見という駅で降りて、小路にはいると木の葉のにおいが強く鼻をうった。フランスの木の葉には、においがないのである。私は日本へ帰ってきたと思った。

(『一葉舟』所収「ラテン文化とともに」)

日本の木の葉のにおいに強く鼻を打たれてはじめて、日本へ帰ってきたと思ったという岡潔がここにいる。ぼくはなぜともなく心をひかれ、幾度も幾度もこの小さい場所に立ち返った。あるときふと、心の芯に、岡潔の真実の声を聞き分けたという確信が訪れた。高校一年の秋、群馬県のいなかの書店で岡潔の自伝風エッセイ『春の草　私の生い立ち』を手にした日から二十年目の出来事であった。ぼくは岡潔に真に邂逅したのである。

九　楽興の時

ふたつのエピソード

紀見峠の頂点にさしかかるころには雨の気配は歩みを運ぶにつれて強まっていった。急傾斜に苦しめられて容易ではなかった上りに比して、下りの足取りは本当に軽やかだった。中腹を過ぎてふもとの情景が目に映じ始めると、やがてかすむような春雨になった。雨中の紀見村に人影は見えなかったが、尋ねるまでもなく小さな小学校が見つかった。定かではないままに、これは柱本小学校にちがいないという確信があった。明治四十年四月、岡潔は柱本小学校の前身、柱本尋常小学校に入学し、翌年二学期から大阪の菅南尋常小学校に転校するまでの一年余りの間、紀見峠の祖父母の家から馬転《うまこ》かし坂《ざか》を降りて通学したのである。校庭の桜花が美しく、その明るく簡素なたたずまいは、どこかしらぼくの故郷の群馬県の山村の遠い記憶に通じていた。

ドライブインに立ち寄ってコーヒーを注文し、気さくそうな店主に問われるままに、岡潔に会いに九州の博多からやってきたと答えると、なんとその人は、小学生のころ、岡潔の長男（岡熙哉《ひろや》）の一学年下の友だちだったというのであった。これを機に話はいっそうはずみを増した。そうしてそのさなかにあって、今もなお印象の鮮やかなふたつのエピソードが語られたのであった。

エピソードのひとつはたわいもないが、面妖なことは比類がなく、あらゆる理知的な解釈をこえているように思う。ある日、というのはいつのころのことなのであろうか。岡は紀見村を散歩していて牛を引いた農夫に出会い、牛が走っている姿を見たいから走らせてくれ、と請うたというのである。農夫は、牛は走りません、と拒絶したというが、面くらった有様が目に見えるようである。牛は実際にはたいへんな勢いで走ることもできるが、火事にでもあわないかぎり、農村では牛はめったに走らないであろう。

もうひとつのエピソードは滑稽なことはこのうえもないが、鬼気迫るという興趣もあり、しかも同時に形容しがたいほどに深い悲しみをたたえている。岡は研究の日々のさなかにときおり子どもに言いつけて友だちを集めてこさせて、麻雀や将棋にひとときをすごしたという。麻雀の牌《ぱい》と将棋の駒はお手製で、ルールも岡が子どもたちに教えたのである。ひとしきり興じて一段落すると、いつも必ず詳細をきわめた講評があった。何分にも子どものことだから、あまり考えもせずに思いつきで打ったり指したりすることもあろう。岡潔はそのような曲面をいちいち再現し、だれそれはこの場面でこうしたろうと指摘して、「よく考えなければいけない」と説教した。それが岡潔の講評である。勝負がすみ、講評も終ると、今度は数学の講義が始まった。岡潔はやおら姿勢を正し、ていねいな口調で、それではこれから多変数関数論の講義をいたします、と宣言し、紀見村の少年たちの面々に向かって最新の研究成果を発表するのであった。

ドライブインの店主はそのように語った後に、「そないなもの聞かされても、わたしら何もわかりはしまへんがな」と言い添えた。無理もない事態ではあったが、それでもみな辛抱して最後まで耳を傾けたそうである。それならこれらの小学生こそ、近代数学史上に永遠に不滅の光を放ち続けるであろう岡潔の数学的発見の、世界で最初の聴聞者なのであった。

ぼくはこの第二のエピソードに心を打たれ、幾度も繰り返し想起して、根底にあるものを明るみに出そうと試みた。数学は天才でも常識がないとも思えるし、さすがに岡潔ほどの本当に偉い学者は真理を説くのに人を選ばない、などとも考えられるであろう。軽重深浅、解釈はいかようにも可能である。だが、このように真に超越的なエピソードを前にしては、もはやいかなる解釈も無意味である。ぼくは小さな理性による解釈を放棄して、村の小学生相手の珍無類の講義風景ばかりを心に描いた。すると無性に悲しかった。ガウスやリーマンのような西欧近代の数学史の神々に比肩しうる高みに到達し、数学的自然世界に緑の沃野を開いた岡潔。極端な抽象化にとめどなく傾斜していく現代の数学を冬景色と歎じ、春の再訪を待ち望んだ岡潔。その岡の心的世界は、深い悲哀の海に浮遊する巨大な氷塊のようであった。

やがて雨があがった。ぼくはドライブインの店主とお別れして、紀見峠を背にしつつ、雨あがりの紀見村をあてどなく歩き続けた。耳にしたばかりの異様なエピソードが心にあって足取りは重かったが、いつのまにか南海高野線の御幸辻《みゆきつじ》駅にたどりついた。周辺はまたしても満開の桜におおわれていた。立ち去りがたい気持ちのままに切符を買い、間髪を入れずにやってきた電車に飛び乗った。紀見峠を越えるべく前日降り立ったばかりの天見駅まではほんの数分にすぎなかった。車窓の桜は次第にまばらになり、やがて大阪市内に入ると風景が一変した。ぼくの紀見峠越えはこうして終った。

『春雨の曲』

晩年の岡潔はマスコミから遠ざかり、講演の依頼を断り始め、光明会との関係も疎遠になるというふうで、次第に孤影の色が濃くなっていった。没年は昭和五十三年だが、その九年前、昭和四十四年十月に刊行された『神々の花園』（講談社現代新書）を最後として、『春宵十話』（毎日新聞社、昭和三十八年）以来、さまざまに話題を呼んで活況を呈した著作活動も終焉した。日本、ひいては人類滅亡の危機を回避するべく乾坤一擲《けんこんいってき》の警鐘乱打だったが、さっぱり効を奏さないのに業をにやし、ついに絶望したのである。光明会との関係の実情は不明だが、うそかまことか、昭和四十五年の大決裂というう わさを耳にしたことがある。だが、それは必ずしも弁栄上人とその光明主義との決別を意味するわけではなく、心の世界の解明という宿命の課題が放棄されたわけでもない。弁栄上人が法然上人のバトンを受けて、その宗教的精神を今日の日本に生かそうと光明主義を提唱したように、あたかもそのように、岡は光明主義と『正法眼蔵』と民族主義の基盤の上に深い宗教性を湛えた創意に富む思索を展開し、人跡未踏の地に分け入ったのである。

講談社文庫版のアンソロジー『日本のこころ』第十版（岡潔の没後まもない昭和五十三年三月十四日に刊行された）の巻末に附された年譜によると、昭和四十四年以降の様子はこんなふうである。岡は自己に沈潜し、「大宇宙の実相を組織的に説く真理の書」、『春雨の曲』の執筆に全力を傾けた。推敲、改訂、書き直し、構想の立て直しが際限なく繰り返されて、未定稿は八稿に及んだ。その第八稿の構想が定まって着手されたのは没年の一月十三日のことであった。同月十九日、病勢があらたまり、以後口述筆記となったが、三月一日未明、心臓衰弱のため他界した。数えて七十八歳であった。

『春雨の曲』第八稿の構成は次の通りである。わずかに数行の目次にすぎないが、岡の晩年の思想の成熟が彷彿とするようである。

春雨の曲　　岡潔

巻の一　人類の自覚

第一章　自然

第二章　こころ
第三章　私の彼の女
第四章　私の旅路
第五章　始の生い立ちの記
第六章　旅路の実例

（講談社文庫『日本のこころ』第十版の巻末年譜より転載。）

楽興の時

最晩年の岡潔の様子を伝えるもうひとつの貴重なエピソードがある。岡は近しい人たちに常々こう言っていたそうである。自分にはまだ数学の研究でやり残したことがあるが、生きているうちにはとても間に合いそうにない。そこで今のうちに精一杯の準備をしておいて、続きはあの世に行ってからやる、というふうに。岡の生涯の美と悲しみがここにきわまって、言葉もないほどである。諸行は無常だが、まことに生命は永遠である。岡は永遠の生命をもって数学の無限の泉を汲もうとしたのである。

岡は現代数学の抽象性を冬景色になぞらえて嘆いたが、その場合、抽象性は数学のみならず一般に学問芸術の近代化という事象に固有の属性であり、冬景色とは、抽象の根底に横たわる無機的状態、すなわち生命感の喪失を指し示す言葉である。岡の没後、広範囲にわたって活用されるコンピュータの浸透と相俟って、数学の近代化は勢いを増すばかりである。数学的自然はとめどもなく砂漠化が進行し、冬景色はおろか、季節感そのものが消失してしまった。

今では数学は意味不明の形式論理の体系と化し、数理科学への傾斜を強めて、科学技術の巨大なシステムの一環に組み込まれている。こうして近代化の行き着く果てに、「自覚さえされないニヒリズム」が現れたのであった。

岡潔が待ち続けた春の訪れは今ではさながら一場の夢のようである。雲をつかむようにとりとめのない物語だが、何よりもまず数学的自然の再生をはからなければならないであろう。鍵は歴史にあり、再生に向かう第一着手は数学史の広範な観察を通じて与えられるであろう。ぼくは数学的自然を再生し、かつて岡が開いた土地に足を運び、生前の岡がなお開拓を企図して果たせなかった未開の土地の形状を明らかにして春の再訪を期したいと思う。岡はあの世で。ぼくはこの世で。そうして生命は永遠であるから、いつの日か約束の土地で岡にまみえる日もあろう。その邂逅の瞬間こそ、ぼくの最良の楽興の時である。

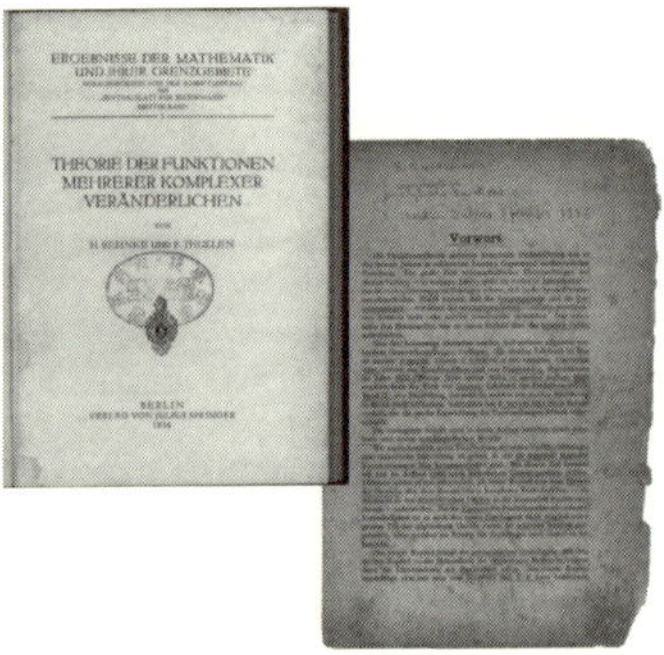

ベンケとトゥルレンの著作『多複素変数関数の理論』（左）とその序文（右）

鳥道は東西を絶す

岡潔の数学論文集。Sur les fonctions analytiques de plusieurs variables（多変数解析関数について）、増補版、1983 年、岩波書店

鳥道は東西を絶す

前代未聞の数学史の構想が念頭を去来し始めてからはや十年一昔になる。苦心に苦心を重ねて諸文献を読み進めていくと、次第に輪郭の明るさが増してきた。ひとりで勝手に「ドイツ数学史論」の旗を掲げて、一昨年（註：昭和六十一年）の五月から原稿を書き始め、昨年三月、一千枚分ほど進んで一段落したころに浄書が始まった。出版の希望はあっても当てはない仕事だったが、道すがら幸いに恵まれて、京都一乗寺詩仙堂近くの仮寓居先で西谷啓治先生にお目にかかることができた。よい縁があってと言いたいところだが、『西谷啓治著作集』（創文社）の刊行開始にうながされて、年来の望みを果たすべく、思い切って申し出て許されたのであった。

数学史の構想が芽生えてから今日にいたるまで、あるひとつの問いが心にかかって、この十年間、一日たりとも離れなかった。それは「歴史とは何ぞや」という永遠のアポリアだった。身の程をわきまえない究極の問いだが、数学史叙述の成否はひとえにこの問いに対する対処の仕方に左右されるのである。ぼくはヘーゲルの歴史哲学よりもブルクハルトの文化史論に心を惹かれ、古典文献学のホメロス批判よりもニーチェの『悲劇の誕生』にあこがれた。ブルクハルトの『イタリア・ルネッサンスの文化』を高い理想として、『悲劇の誕生』のように出発することがぼくの願いであった。

歴史をめぐる西谷先生の数々の言葉もまた感銘が深かった。西谷先生は「歴史について」というエッセイの中で『歎異抄』の一節に事寄せて、

歴史といふものには、宗教が成立してくるやうな次元が含まれてをり、その次元から歴史といふものの本質も本当にとらへられる。宗教的な真理に面して一人一人の人間が全人的な決断を迫られる場、「弥陀の本願まことにおはしまさば云々」の言葉のやうに、その本願から釈尊を通して現在まで伝はつて来てゐるものを受け取るか捨てるかといふやうな、さういふ「あれか－これか」へ我々を引き入れる場、それが歴史といふものの窮極の根底を開示する次元である。さういふ意味で、歴史の本質は宗教的なものであると言へる。

（漢字の字体を現在通有のものに変えて引用した。）

と語っている。このような言葉のひとつひとつがぼくの心をどれほど強くとらえたことであろうか。どれほど深くまた深く心の奥底に染み透っていったことであろうか。

ぼくはただちにガウスを想起した。ガウスは若い日の著作『アリトメチカの探究』の序文の中で、はじめて平方剰余相互法則の第一補充法則を発見したときの心象風景をわずかな言葉で書き留めている。ガウスの全数論の起点となった根本的な体験だったが、あまつさえそこには確かにある美しいイデーが露呈しているように思われた。そうしていっそう驚くべきことには、イデーは展開してアーベル、リーマン、クロネッカー等々へと伝えられ、ヒルベルトにいたってついにあるひとつのまとまりのある世界が開かれた。ガウスはさながら釈尊のようで、弥陀の本願ならぬ数学の本願がガウスを通じてヒルベルトまで伝わってきているかのようであった。ぼくはガウスのイデーに直面して全人的な決断を迫られた。もしそれを真に受け取ろうと欲すれば、決然として現代数学を捨てなければならないからである。ぼくはある究極的な場に誘われて、一直線に「あれか――これか」へと引き入れられたのである。

西谷先生と対座して、まず簡単な自己紹介を試みて、数学の研究もさることながら数学史にも並々ならぬ関心があり、もし可能ならば、先生の言われる歴史ということに明確な形を与える、そのような数学史を書きたいと願っています、と大きなことを言った。すると先生はゆったりとした口調でおおよそ次のように言われた。数学史に興味があるということならば、まずはじめに数学史上の巨匠たちのひとりひとりについて、数学とは何かという問いをめぐって何らかの考えが表明されている痕跡があるかどうかを調べなければならない。次に、もしそのような痕跡が認められるならば、彼らの言葉を丹念に聞き取らなければならない。すると、最後に、数学について考えるという場合の考えるということ、デンケン（denken）するというまさにそのことはいったいどのようなことなのであろうかという問いに出会うであろう、と。そうして、あなたは数学をおやりになっているということだから、数学を手掛かりにしてこの問題を考えていかれるとよいでしょう、と言葉を継がれた。まことに驚天動地のお話だった。およそ二時間ほどの間にさまざまなお話があり、どれもみな深い意味合いを帯びていたが、わけても右記の言葉はぼくの心を根底からゆさぶってやまなかった。その振幅の大きなことは筆舌に尽くしがたいものがあり、今日もなお余震のやむ気配もないほどである。

ぼくははじめの二段階についてはそれなりに西谷先生の言われるような状勢を心に描いていた。ドイツ数学史の山脈を形成する幾人かの巨匠の書き残した言葉の山の中には、深い数学観の反映としか思われないわずかな断片が確かに認められた。百頁に一語があるやなしやというほどの稀少な言葉だが、それらを採集して綴り合せればおのずとドイツ数学史が叙述されてしまうのであるから、まずもって数学の無限の宝と言わなければならない。ぼくは未熟ながらも心して目を凝らし、一言半句も見逃すまいと細心の注意を払った。だが、西谷先生の言われる第三段階、考えるという働きの本質を問うというようなことは、ぼくの乏しい想像力をはるかに超越した出来事だった。そのような問いを問うたことは一度もなかったが、それにもかかわらず、ひとたび西谷先生に指し示されて目を開かれてみれば、そこに見えるのは紛れもなく究極の問いであった。ぼくは、まだ十代でしかなかったガウスの心に芽生えた雄大な数論の構想に心を打たれ、三十歳にも満たずに世を去ったアーベルにも豊穣な晩年の思想の成熟が認められる様子を回想して、しみじみと感銘が深かった。しかし、時をこえ空間をこえて、なぜそのような心の共鳴が生起しうるのかと自問すれば、またしても途方もないアポリアに直面してしまうのであった。

ともあれそのような共鳴現象が現に存在する以上、ガウスやアーベルとぼくを結び合わせるある普遍的な場が、どこかに開かれているにちがいなかった。そのありかは定かではないが、西谷先生の提示した究極の問いの中には根本的な鍵が隠されているように思われた。究明の対象はぼくの心であり、西谷先生の問いは明瞭に己事究明を志向していると考えられるからである。さまざまな樹木が共通の土壌に根差して繁茂するように、個々人の心が等しく立ち返っていく普遍的な場。心を究明して根底に達してなおもう一歩を踏み出せば、そのような場が確かに開かれて、そこに出かけていけばいつでもガウスやアーベルに会えるのである。そうして出会いの瞬間に数学史が成立するであろう。それならば、ぼくがガウスやアーベルに出会う場は「歴史といふものの窮極の根底を開示する次元」にほかならない。ぼくは西谷先生に教えられて、歴史とは何ぞやという問いの解明の手掛かりが己事究明にあることを知ったのである。

やがてお別れのときが近づいた。持参した著作集第八巻『ニヒリズム』を指し出して署名を請うと、快く応じられて「鳥道絶東西」と書いてくださった。鳥道は東西を絶す。断崖絶壁も鳥は平気でひょこひょことこえていく。鳥の道は八方に通じているわけである。豊かだった訪問に画竜点睛の趣が加わった。ぼくは恰好の座右の銘を手土産にいただいておいとましたのであった。

岡潔の晩年の夢

内分岐域の世界

岡潔は、日本の近代数学史上、真に本質的に数学に貢献しえた稀有の数学者だが、真実の姿を知られることもまた少ないと言わなければならない。わずかに見聞したところによれば、岡に直接接した経験のある人々は、宗教的な匂いの伴う奇矯な言動のゆえに、自己をむなしくして全面的に帰依してしまうのではない限り、一様に驚愕し、途方に暮れ、所在のない気持ちを味わっている。また、岡は数々の著作を通じて広く一般に知られているが、説くところは晩年に近づくにつれて神秘感の伴う宗教的心情の吐露が目立ち始め、そのために不可解な奇異感に襲われるのである。

数学者の間でも広く岡を語ろうとする雰囲気は見られない。一年前（註：昭和五十三年）に岡の訃報が伝えられた際も、日本数学会の和文機関誌「数学」誌上で追悼特集が組まれることもなかった。私は岡の数学研究は日本の貴重な文化遺産として後世に残されるべきものであると信じるので、岡は正しく理解されなければならないと思う。

一　解析関数とその存在域

岡潔の数学を語るには解析関数とその存在域の概念を認識しなければならない。いずれも数学思想上の問題を内包する難解な概念である。今日の通常の用語法では解析関数という言葉は正則関数もしくは有理型関数のいずれかを指す言葉として漠然と用いられているが、本来の解析関数は有理型関数のことであり、正則関数のことは「正則な解析関数」、すなわち極をもたない有理型関数と認識するのが正しい。複素数の空間 $\mathbb{C}^n(z)$ 内の領域を単葉域というが、単葉域における正則関数の概念は収束冪級数の概念を基礎として正確に規定される。すなわち、局所的に収束冪級数に展開されうる関数が正則関数である。

これに対し、一般の解析関数、すなわち必ずしも正則ではない解析関数の概念規定は非常にむずかしい。通常行われている定義によれば、有理型関数とは局所的に二個の正則関数の比の形に表示されうるような「あるもの」のことをいうが、そのようにすると一般に不確定特異点が出現し、そのためにもはや関数とはいえなくなってしまう。一例を挙げると、二個の複素変数 x と y の空間 $\mathbb{C}^2(x,y)$ 上の有理型関数 $f(x,y)=\frac{y}{x}$ は、点 (x,y) が原点以外の場所から原点 $\mathrm{O}(0,0)$ に近づいていく種々の仕方に応じてあらゆる複素数値に接近し、発散することもある。原点はこの関数の不確定特異点であり、この関数の原点における「値」の名に相応しい数値は存在しないが、それでもなお原点はこの関数の定義域に内包されるのである。

有理型関数を考察しようとすると値域の姿が不明瞭になり、通常の関数概念の範疇におさまらないが、では有理型関数の名のもとに提示されているのはいかなる数学的対象なのであろうか。これが解析関数の概念を理解するうえでの第一の困難である。

第二の困難は解析接続の現象に起因する。解析関数に対しては解析接続の現象が観察されるため、定義域を人為的に限定することはできず、各々の関数に固有の定義域が附随するのである。その固有の定義域を解析関数の存在域というが、存在域は一般に単葉ではなく、複素数空間の上に内分岐点をもちつつ多葉（多葉性は無限のこともある）に広がっている。たとえば代数関数を考える場合のように、土台となる複素数空間に無限遠点を付加して生成される「拡大された複素数空間」を設定しなければならない場合もあるが、その場合の内分岐域は無限域と呼ばれ、無限域ではない内分岐域は有限域と呼ばれる。こうして一般に解析関数とは、存在域と呼ばれる有限または無限の内分岐域と、その域を存在域として所有する有理型関数で形成される何かある解析的なオブジェクトである。

ここのところで一つの基本問題が発生する。それは、

《有限または無限の内分岐域はいつでも何かある有理型関数もしくは正則関数の存在域であろうか。》

という問題である。この問題は、証明はむずかしいが、変数の個数が一個の場合には肯定的に解け

る。言い換えると、一変数解析関数の存在域は任意である。それに対し、多変数解析関数の存在域の形状は任意ではない。この事実の認識が多変数関数論の出発点になったが、それはヴァイエルシュトラスがアーベル関数に関する論文中に書き留めた言葉、すなわち「多変数解析関数の（単葉）存在域は任意である」という言明を否定するものであった。

正則関数の存在域を正則域、有理型関数の存在域を有理型域というが、まずハルトークスが「内分岐しない正則域は擬凸状である」という奇妙な事実を発見した。一九〇六年のことであった。擬凸状というのは、域の各々の境界点の近傍において観察されるある種の凸性を示す、局所的な幾何学的形状を指す言葉である。

続いて一九一〇年にE・E・レビが「内分岐しない一般の有理型域もまた擬凸状である」ことを発見した。この発見により、ヴァイエルシュトラスの言明は完全に覆されたのである。ハルトークスとレビの発見は解析学史上、一変数関数論のコーシーの定理に匹敵するもので、多変数解析関数の解析性に内在する深い性質を示している。

二　岡の理論

岡潔の理論はハルトークスの発見の逆の成立を示そうとすることを骨子とする。換言すると、岡は連作「多変数解析関数について」の第九論文「内分岐点をもたない有限領域」（昭和二十八年

〈一九五三年〉）において「内分岐しない有限擬凸状域は正則域である」ことを証明した。ハルトークスの発見以来、四十七年目のことである。しばらくここにいたるまでのプロセスを回想したいと思う。ハルトークスとレビの発見以降、ジュリアによる正則関数族の正規域の研究（一九二六年）、アンリ・カルタンとトゥルレンによる正則凸状域の理論（一九三二年）等々が相次いで現れた。このような諸理論はみな、多変数解析関数の世界には一変数の世界とはまったく様相を異にする統制原理が内在していることを暗示しているのであるから、新たな事実が発見されればされるほど困難が増していくと言えるのである。

岡は、この辺の状勢に関してこんなふうに言っている。

一変数解析接続の一般理論は平地に似ている。そこでは、多くの努力にもかかわらず、形式論理の見通しからはみだすいかなる事実も見いだすことができない。それとは反対に、多変数の場合はさながら峻険な山岳地帯のようである。一九〇二年に、ファブリは二重級数の収束半径は任意ではないことを注意した。そこから出発して、われわれは一九〇六年にハルトークスによって、すべての正則域は擬凸状であるという、きわめて基本的な、しかも本当に奇妙な事実へと導かれた。その後、この土地では、新たに発見される問題はさらに別の問題を生んだ。そのような状勢が一九三二年まで続いた。

（第九論文）

ここで語られているような数学的状勢を一冊の本にまとめたのが、一九三四年に刊行されたベンケとトゥルレンの著作『多複素変数関数の理論』(シュプリンガー書店)である。この小さな書物は岡潔の研究の出発点であり、岡はこの本において「困難の蓄積の状勢が、理念の流れとして、きわめて際立った仕方でくっきりと描き出された」(第九論文)と述べている。

ところで、巷間散見するところによれば、岡はベンケとトゥルレンの著作に未解決として挙げられている三大問題、すなわちクザンの問題、近似の問題、レビの問題をすべて解決したというふうに言われている。それは誤りではないが、正しくもない。

ベンケとトゥルレンの本は、岡自身の言うように「小さな、文献の引用を主にする本」なのであって、いわゆる三大問題が整理された形で記されているのではない。そうではなく、そこには、多変数の世界では既成の価値が通用しないのではないかという萌しが「理念の流れとして」描かれているにすぎない。岡はベンケとトゥルレンの本から出発し、ハルトークスの発見の逆の考察の重要性を深く自覚し、その解決に到達する路を構想した。そのための重要な手段としてクザンの問題と近似の問題が意識されたのであり、そこに物語られているのは岡の卓抜な構想力である。

通常、レビの問題と言われているのは「内分岐しない擬凸状領域は正則域だろうか」という問題だが、これはハルトークスの発見の逆の成立の如何を問うているのであるから、岡がそう呼んでいるように「ハルトークスの逆問題」と呼ぶのが正しい。

岡は連作「多変数解析関数について」の第一論文「有理関数に関して凸状の領域」(昭和十一年

〈一九三六年〉）の序文において、

多変数解析関数論の最近の進展にもかかわらず、多くの重要な事柄が多かれ少なかれ曖昧なままになっている。特に、ルンゲの定理あるいはまたクザンの定理が成立する領域の型、ハルトークスの凸性、カルタンとトゥルレンの凸性との関係がそうである。それらの間には親密な関係がある。この論文とこれから続く諸論文で取り扱うのはこれらの問題である。

と述べている。岡ははじめからハルトークスの逆問題をめざしていたのである。

岡は構想のない数学を嫌った。この点を特に強調しておきたいと思う。従来、ヨーロッパの文化としての数学に対する日本の数学者の貢献の仕方としては、欧米で発生した理論の進展途上に現れた諸問題の解決をめざすという形のものが多いように思う。岡潔もまたそのひとりと思われているような節があるが、岡潔はハルトークスの発見の逆の追及を通じて多変数解析関数の理論を作ったのであって、単なるプロブラム・ソルバー（問題を解く人）ではないのである。そのようなことは、日本的風土の中で西欧文化としての数学を研究するという事情に由来する原理的な困難を克服しなければなしえない。

岡潔は日本人がいかにして数学に寄与しうるかという困難な問題の思索を続け、「遠い昔から日本民族が本来所有しているきれいな日本的情緒を数学の言葉で表現する」という思想に到達した。

ひとはみずからの情緒を数学の言葉で表現すると数学ができる。そうして情緒が澄み切っているのでなければ深い数学はなしえない。数学のみならず、ひとのなす文化上の所産はみなことごとくひとの情緒の具体的な現れである。そういう思想である。宗教的な色彩に彩られた意識の表明だが、強い説得力の伴う所見であり、深い神秘感が内包されている。晩年の岡の宗教的境地や通常の理解をこえる不可解な言動は、すべてこの視点から理解されるべきであり、独立に論ずるのは無意味と思う。

岡の理論は国内では長い間顧みられることがなかった。戦前のことだが、京都帝大のある教授が、「関数論は一変数だけやっていればよいのだ。多変数関数論なんか研究する意味はない。岡の論文を読んでいると頭がおかしくなる」などと言ったことがあるほどである。だが、国外では K. Oka の名はつとに知られていた。たとえばジーゲルは昭和三十三年に来日したおりに奈良に岡潔を訪ねたことがあるが、その際、岡の高弟の某氏にこんなふうに語ったと伝えられている。

数学というものは、何かお手本があって、それにしたがって描き直したり拡張したりするものではない。そういう数学はセカンドハンド（中古品、受け売り）である。そうではなくて、本来の数学とは無から有を産み出そうとするものである。私にはそのような数学はこれまでにただ一度しかなしえなかった。しかるに K. Oka の論文はどのひとつをとってもまさにそのようなものであり、しかも論文ごとに相異なる独創的な着想が見られる。われわれの常識では、そのようなことは一人の数学者のよくなしうるところではない。それゆえ、K. Okaとは個人名ではなく、フランスのブルバキのように、日本の、おそらくは若い数学者たちの集合体の呼称であろうと思っていた。

そこでジーゲルはそれを確かめるためにわざわざ奈良まで岡潔を「見に行った」のである。

三　数学研究の姿勢

数学研究に対する岡の姿勢は一群のエッセイ集に垣間見ることができるが、涙なくして語ることができない。岡の研究生活は完璧に徹底的であり、みずから言うように「生活の中で数学する」のではなく「数学の中で生活した」のであった。そのありさまを伝えるエピソードは多いが、たとえば岡をよく知る方から次のような逸話をうかがったことがある。

岡は言う。自分は数学の研究に打ち込んだので、まず田畑がなくなり、次に着る物がなくなり、次に住む家がなくなり、しまいには食う物もなくなった。そこへいくと、あなた方は大学の教師でブルジョワだ。あなた方に私の気持ちがおわかりになりますか、と。このように言われると一言もなく、沈黙せざるをえなかったということである。「食う物もなくなった」という話はあながち間違いではない。岡の戦時中の生活は、郷里の和歌山県伊都郡紀見村の農協の物置小屋で、古畳六枚に一家五人が住み、芋を作るという風であった。

数学の中で生活した岡の数学観を岡自身に聞いてみよう。岡は数学上の発見について、こんなふうに語っている。


本来、創造というのは自由な心の働きです。自由な心というものは絶対無規定ということです。何か数学上の発見というふうなことを言うためには、一度行きづまらなければなりません。どれ位行きづまってるかといったら、大抵六〜七年は行きづまる。それは自由な精神が勝手に行きづまってるんであって、そこに行きづまってるべく強いられてるんじゃありません。だからこそ六〜七年行きづまってられる。

その時は行きづまりを感じるも何もない。全然やることがない。やりたいことは決まってるんだけど、そっち向きには何んにもやることがない。だからやるのは情意がやってるんであって、知は働きようがない。

私三度程完全に行きづまりました。だから三度大きな意味で数学上の発見やったわけですが、みんな七年位はかかってます。行きづまった間は、意志と情熱ですよ。情熱が持続しなけりゃだめですね。知の方は、これは当然いるんだから、いるって言わなくったって使いますよね。使おうにも使えなくなるから困るんで……

本当に行きづまるためにはね。そっちを一旦指さしたら微動もしないという意志がいるんで、今の人たちには果してそれだけの意志力もってる人がどれだけいるかと思う。それだと、行きづまりということはあり得ないわけなんだ。直進しようとするから行きづまるんで、行きやすい所を選って行ってたら、行きづまるということはあり得ない。それだったら数学上の発見という言葉はむなしき言葉です。

（「数学セミナー」昭和四十三年九月号所収「数学の歴史を語る」。アラビア数字を漢数字になおして引用した。岡潔の三大発見とは「上空移行の原理の発見」「二つの関数を、積分方程式を解くことに帰着させることによって融合する方法」「不定域イデアルの理論の創造」である。）

岡の数学は意志と情熱の所産なのである。

四　晩年の夢

岡潔は昭和二十二年四月十八日付高木貞治宛の書簡の中で次のような心情を吐露している。

私大學ヲ卒業シテ四年間ノ暗中模索ノ後、巴里ニ Julia（註：ジュリア）先生ノ所ニ三年居リマシテ、夛變數解析函數ノ分野ヲ、其ノ意義及ビ其ノ面白サカラ、研究ノ對象トシテ撰ビマシタ。其ノ後十五年掛ツテ、Behnke-Thullen（註：ベンケとトゥルレン）ノ文獻目録ニアル問題ハ略々解決シ了リマシタ。此ノコトハ一度先生ニ申シ上ゲマシタ。（尚其ノ始メノ四年間ハ行ケドモ行ケドモ陸地ノ見エナイ航海ノヤウナ苦シサデシタ。私ノ生涯デ一番苦シカツタ頃デゴザイマセウ）。所デ、先生ニ申シ上ゲタイノハ、其ノ本質的ナ部分ハ解イテ了ツタト思ツタ（今デモソウ信ジテ居マスガ）其ノ瞬間ニ、正確ニハ翌朝目ガ覺メマシタ時、何ダカ自分ノ一部分ガ死ンデ了ツタヤウナ氣ガシテ、洞然トシテ秋ヲ感ジマシタ。ソレガ其ノ延長ノ重要部分ガ、上ニ申シマシタ様ニ、マダ解決サレテ居ズ容易ニハ解ケソウモナイ、ト云フコトガ分ツテ來マスト、何ダカ死ンダ兒ガ生キ反ツテ呉レタ様ナ氣ガシテ參リマシタ。本當ニ情緒ノ世界ト云フモノハ分ケ入レバ分ケ入ル程不思議ナモノデアツテ、ポアンカレノ言葉ヲ借リテ申シマスト、理智ノ世界ヨリハ、或ハ遙カニ次元ガ高イノデハナイカトサヘ思ハレマス。

岡潔は連作「多変数解析関数について」の第九論文「内分岐点をもたない有限領域」（昭和二十八年〈一九五三年〉）で内分岐しない有限域においてハルトークスの逆問題が解けることを報告したが、岡の関心は早い時期にすでにその「延長の重要部分」へと移っていた。岡潔は一般の内分岐域の世界においてハルトークスの逆問題を解こうとしたのである。内分岐域についてはベンケとトゥルレンの本にも定義さえ満足に与えられていないことを思うなら、岡は前人未到の世界に、それまでもずっとそうであったように、孤独な足跡を標そうとした。岡の世界は開かれた世界なのであり、このようなところに真実の偉大さを見て取れるように思う。では、内分岐域の理論のさらにその先に開かれていくのはどのような世界なのであろうか。
一変数解析関数の概念を深く考察し、リーマン面の概念に依拠しつつ一変数関数論の基礎を建設したのはリーマンである。リーマンはその一般論に基づいて一変数代数関数論を展開した。リーマンにならって多変数の代数関数論を構想すれば、まず多変数の一般関数論を建設しなければならないが、するとその第一歩から、存在域が任意ではないことに由来する困難に遭遇してしまう。存在域論を全数学の中に配置すると、そのような地点に位置している。岡はリーマンをめざしていたのである。

岡の内分岐域の研究は連作「多変数解析関数について」の第七論文「二、三のアリトメティカ的概念について」(昭和二十五年〈一九五〇年〉)と第八論文「基本的な補助的命題」(昭和二十六年〈一九五一年〉)に結実した。第七論文では不定域イデアルの理論が展開され、第九論文に移るとこの理論を用いて内分岐しない有限領域においてハルトークスの逆問題が解決されたが、この理論は内分岐しない領域のために創られたのではない。内分岐しない領域においてであれば不定域イデアルの理論がなくてもハルトークスの逆問題を解くことは可能であり、現に第六論文「擬凸状領域」(昭和十七年〈一九四二年〉)では二個の複素数空間内の単葉領域においてハルトークスの逆問題を解決した。これを受けて、岡は、「それで、これだけで色々な研究をやろうと思えばやれるんです。しかし、さらに分岐点を入れて考えたりしようとしますと、ここで解いた解き方だけでは不十分です。それでイデアルに関する問題がでてきます」と語っている。この点も特に強調したいと思う。

第七番目と第八番目の二篇の論文は内分岐域におけるハルトークスの逆問題の解決をめざすために配置された一里塚だが、内分岐域の世界の状勢は複雑をきわめ、岡の予想をもこえていることが次第に明らかにされていった。ドイツの数学者グラウエルトが見つけた例によると、内分岐域の世界では、

（1）正則凸状ではない有限正則域が存在する。（グラウエルトはそのような事例を二つ構成した。それらは相異なる原理に基づいてそれぞれ正則凸性が破れている。）
（2）擬凸状ではない有限正則域が存在する。
（3）擬凸状であって、しかも正則域ではないが、有理型域ではあるような無限域が存在する。

このような諸現象はみなことごとく内分岐しない領域では起りえないものであり、このような奇妙な領域が発見されればされるほど、困難が増していく。われわれはちょうど岡の研究が始まる前とまったく同じ状勢下に置かれているのである。

存在域論に関する岡の最後の論文（第九論文）は昭和二十八年（一九五三年）に公表されたが、それから三十年に近い年月が過ぎ去った（註：本稿は昭和五十五年の時点における回想である）。だが、困難な状勢が緩和されようとする萌しはいっこうに見られない。このあたりの消息について岡の言葉を聞こう。

自分でいま考えている研究目標は、あと十五年あれば一応はできると思うが、私ももう数え年で六十二歳だから、あと十年ぐらいはやれるけれどもそれ以上はあやしい。本当はバトンを次の人に渡すところまでやりたいが、渡すことができずにたおれても、それでもいいじゃないかと思う。漱石先生が「明暗」を書きながらたおれたのも、それでいい。「雪の松折れ口みればなお白し」といった気持である。芭蕉がこの句を作ったとき、彼の意識には一門の運命が去来していたのではなかったか。そう考えれば「なお」の意味がよくわかるように思われる。数学史を見ても、生きてバトンを渡すことはまずない。数学は時代を隔てて学ぶものだと思う。

（『春宵十話』所収「春宵十話」第十話「自然に従う」）

岡潔以後三十年になろうとする現在、時代はすでに岡のバトンを受け止めうる時期にさしかかっていると思う。内分岐域の世界を明らかにして多変数の一般関数論を確立し、さらに歩を進めて多変数代数関数論に及ぼうとするのは岡潔の晩年の夢であった。岡の遺志を継ぎ、「日本の数学」に寄与しなければならないと思う。

はたして日本に第二の岡潔が現れて、岡の晩年の夢が実現されるという事態がありうるであろうか。もしそのようなことが起りえたなら、その成果は日本の数学の将来に寄せるかけがえのない贈り物になることであろう。

ドイツ数学史の構想

はじめに

六年前（註：昭和五十七年）の秋のある日、ガウスの大著『アリトメチカの探究』の序文中のわずかな言葉が契機となって、ドイツ数学史というものが成立するのではないかという着想が心に浮かび、もしそのような数学史が成立するならば、数年来心を離れる日のなかったアポリアが一点のかげりもなく解消されてしまうかのように思われた。古典の渉猟を重ねると、おぼろげに心にあった構想が次第に明るい輪郭をもって立ち現れて、ほどなく着想は確信に変容した。その一連の経緯の描写はドイツ数学史への最良のプレリュードである。

古典の世界に沈潜する前は多変数関数論を学んでいたが、アンリ・カルタンが主宰した一九五二年度のセミナーの記録と、それに基づいて書かれた幾冊かのテキストを経て岡潔の論文集に出会ったとき、数学という不思議な学問の本性を問ううえで大きな転機が訪れた。岡の論文集には多変数関数論のすべてがあると言われていたが、幾分かの言葉の綾は認められるにしても、数学の内容に沿って実証的に観察する限り、否定することのできない事実であった。この理論を組み立てている多くの基本的な素材の起源を訪ねていくと、ほとんどいつも岡の諸論文のいずれかにたどりついた。そうしてその道筋はどれほどでも精密に検証可能なのであるから、わずかに九篇の論文、ようやく二百頁をこえるにすぎない岡の小さな世界は、多変数関数論のすべてが凝縮された濃密な源泉と見なければならなかった。歴史における実証の精神はそのような判断へとぼくらを導いていく。

目の覚めるように感銘の深い情景だったが、ある程度まで予期されていたことでもあり、理解に苦しむというほどではない。真に心を打たれたのは、劇的ではあるが自然に流露していくこのような情景の根底に、深刻な対峙相が目に映じたからである。岡の論文集とカルタンセミナー。等しく多変数関数論の世界を描きながら、二つの世界はどこかしら本質的な点において食い違い、さながら水と油のように相容れないように思われた。単純な実証の及びえない世界の出来事であり、岡の論文集に沈潜して多変数関数論の源泉に立ち返ったと確信したまさしくその瞬間に、こえ難い違和感に襲われたのであった。

この違和感の解明を企図して対峙相の観察に向けて精一杯の努力を重ねると、やがておおよその地勢図が判明した。だが、ひとたびその究極の由来を尋ねると、なすすべもないままに、いつまでも途方に暮れてたたずんでいなければならなかった。数学史研究に先立って直面したのはこのようなアポリアであった。

既述のようにやがてドイツ数学史のアイデアが心に芽生え、アイデアの芽が生い立っていくのに伴ってアポリアはあとかたもなく消失し、あまつさえ今日の数学とは根本的に異質なもうひとつの数学の可能性が開かれてくるように思われた。そこでガウスの言葉に手掛かりを求め、ドイツ数学史の全容のスケッチを試みたいと思う。

第一部　ドイツ数学史への道

四日間の数学史

ドイツ数学史の中心線は数論と楕円関数論だが、数学史に特にドイツの一語を冠して「ドイツ数学史」とすることについては、前もって多少の弁明を要するのではないかと思う。この言葉はギリシア数学史やアラビア数学史などの類義語として用いられているのではない。ここでいうドイツ数学史は時代も人も数学の内容もきわめて限定されていて、数学史の大河の中でひとつの完結した世界を形作っている。時代区分はフランス革命期からワイマール時代まで、十九世紀の全体を包摂して二十世紀の初頭まで、おおよそ百三十年にわたる。もう少し正確を期するなら、象徴的な始点と終点をそれぞれ一八〇一年と一九二七年に置くことができるであろう。一八〇一年はガウスの著作『アリトメチカの探究』の刊行年であり、一九二七年はエミール・アルチンの名を冠する相互法則が提示された年である。登場人物を見るとわずかに十数名を数えるにすぎないが、わけても左記の八人は際立っている。

ガウス
アーベル
ヤコビ
アイゼンシュタイン
クロネッカー
クンマー
リーマン
ヒルベルト

アーベルの生地はドイツではなくノルウェーだが、アーベルの重要なことは格別で、アーベルの名を欠いたドイツ数学史を想像するのは不可能である。最後に数学の内容に沿って観察すると、ドイツ数学史は数論と楕円関数論という二本の主柱に支えられて構築されている。しかも数論の主題は相互法則であり、楕円関数論は、アーベル関数論という多変数の世界への道を明瞭に志向しているのである。

数学は数学的自然を対象とする自然学の一領域である。それゆえ、数学という学問が成立するためには、数学的自然観の確立という決定的な契機が要請されるのである。たとえ古代の諸文明に附随するさまざまな数学の中にどれほど高度に発達した計算術や測量術が観察されようとも、そのような数学的営みの根底にあってそれらを支えている数学的自然観が欠如しているとするならば、それらは全体として数学以前の段階にとどまっていると見なければならない。真に数学の名に値する数学は暁天の星のように稀有であり、存在すること自体がすでに奇跡である。個々の歴史的事象について、たとえば和算、すなわち日本の江戸期に展開した数学ははたして数学でありえているか否かの判定はむずかしく、慎重な考察を要するが、少なくとも二つの数学、すなわち古代ギリシアの数学と西欧近代の数学が数学であることに疑いをはさむ余地はない。なぜならこの二つの数学的思索の場には、「数学とは何か」という問い掛けの痕跡がはっきりと残り、しかも「数学の名のもとに探究されるものは何か」という自覚的な問題意識が明快に打ち出されているからである。

古代ギリシアと西欧近代の二つの数学を支える数学的自然観は異なるが、西欧近代に及ぼされた古代ギリシアの影響の大きなことは見逃すことができず、前者を後者の延長線上に配置するのは適切で妥当なアイデアである。そこでまず古代ギリシアの数学を第一日目の数学と見て、そのうえで西欧近代の数学を数学的自然観の変遷に応じてさらに三つに分けて、全体として「四日間の数学史」を提唱したいと思う。

一日目の数学……古代ギリシアの数学
中核に位置するのはピタゴラス学派の数論とエウクレイデスの『原論』に見られる幾何学である。
二日目の数学……フェルマに始まる数論の系譜
十七世紀の前半期から十八世紀の終りにかけて展開した。フェルマ、オイラー、ラグランジュという三人の担い手と、集大成を試みたルジャンドルの名が目に留まる。
三日目の数学……ガウスに始まるドイツ数学史
十九世紀のはじめからワイマール時代にかけて展開した。高次冪剰余相互法則の探究の流れと「ヤコビの逆問題」の解明の試みが際立っている。
四日目の数学……今日の数学
第一次大戦後、数学の世界に抽象に向かおうとする潮流が発生し、やがて全数学を覆い尽くすまでになって、今日に及んでいる。この時期の数論をもっともよく象徴するのはアンドレ・ヴェイユが提案した「ヴェイユ予想」である。

西欧近代の数学の全体を二日目から四日目までの三日間に区分けしたが、ここには二種類の数学的自然観が姿を現している。ひとつは二日目と四日目の数学に見られるデカルト的自然観であり、もうひとつは三日目のドイツ数学史に遍在するゲーテ的自然観である。そうしてそのゲーテ的自然観には、何かしらドイツ的と呼ぶのに相応しい特有の思索の色合いがくっきりと感知されるように思う。三日目の数学をドイツ数学史と名づけたのはそのためである。

『アリトメチカの探究』の序文中のガウスの言葉（1）「あるすばらしいアリトメチカの真理」の発見

昭和五十七年の秋、ガウスの著作『アリトメチカの探究』の序文を読み始めてすぐに、「あるすばらしいアリトメチカの真理」の発見を物語るガウスの言葉を目の当たりにして、終生忘れがたいほどの深い驚きに襲われた。それは次のような言葉である。

一七九五年のはじめのころ、私がはじめてこの種の研究に向けて歩を進める決意を固めたときには、この領域において最近の人々の手でもたらされた事柄について何も知らなかったし、それさえあればそれらの事柄を多少とも学び取ることができたにちがいない種々の補助手段もまた、手元にはひとつもなかった。もう少し詳しく言うと、そのころ私はこの分野とは別のある研究に没頭していたのである。そのようなとき、私はゆくりなくあるすばらしいアリトメチカの真理に出会った（私が思い違いをしているのでなければ、それは第百八条の定理であった）。私はそれをそれ自体としてもこのうえもなく美しいと思ったが、それればかりではなく、他のいっそうすばらしい数々の真理とも連繋しているような気がした。そこで私は全力を傾けて、その真理が依拠している諸原理を洞察し、厳密な証明を獲得しようとつとめた。やがて私はついに望み通りに成功をおさめたが、そのころにはこれらの研究の魅力にすっかりとりつかれてしまい、もう立ち去ることはできなかった。こうしてひとつの真理はいつももうひとつの真理への道を開くというふうに推移して、この書物のはじめの四つの章で報告されている事柄の大部分は、他の幾何学者たちの類似の研究成果を多少とも目に留める前に成し遂げられたのであった。

（ガウス『アリトメチカの探究』序文より。ガウス全集、第一巻、六－七頁）

『アリトメチカの探究』は全部で七個の章で編成され、全篇を通じて三百六十六個の小節に区分けされている。それらの小節には通し番号が附されているが、ガウスの指示にしたがって第百八条を参照すると、そこには確かにガウスのいう「すばらしいアリトメチカの真理」が記されている。今日の用語法に沿えば、それは平方剰余相互法則の第一補充法則というものにほかならない。にわかには信じがたいことではあるが、ガウスの全数論がこの小さな真理を糸口として紡ぎ出されていったのである。

この法則はなるほどそれ自体としてはあるやなしやというほどのものにすぎないであろう。だが、「生きた自然の中では、全体と結びついていないものは何も起こらない」（ゲーテ「客観と主観の仲介者としての実験」。『ゲーテ全集』、潮出版社、第十四巻、二十五頁）。ガウスがまだ満十七歳のころ、青春期の心の世界にどこかから訪れたこの小さな発見の中には、何かしら大きなものの反映がくっきりと見て取れるようである。ガウスはこの断片を一角とする巨大な氷山の存在を水面下に感知して、その全体像を明るみに出そうとする雄大な構想を抱いたのではあるまいか。平方剰余相互法則の第一補充法則の発見と相俟って、ガウスが生涯を通じて登攀を試みようとした一般相互法則の山脈が、ガウスの眼前に全容を現したのである。ガウスはいつでも全容を遠望しながら、さまざまに手掛かりを求めつつ、一歩また一歩と歩みを運んだ。それが、ガウスの数論の性格を規定するもっとも基本的な様式である。

今日、われわれは一般相互法則というドイツ数学史の美しい果実を手にしているが、そこから出発することにより、1の原始 n 乗根を含む任意の代数的数体において n 次冪剰余相互法則を定式化して証明することが可能である。だが、ガウスはさまざまな次数の冪剰余相互法則というものの正確な表現様式を前もって知っていたわけではない。イタリア旅行の途次、パレルモの植物園において植物の原型、原植物を発見したゲーテのように、ガウスは平方剰余相互法則の第一補充法則に湛えられている相互法則の原型、原相互法則のイデーの光に目を射られたのである。次に引くのは原植物を語るゲーテの言葉である。

こんなにさまざまな新しい、また新しくされた姿を眼のあたりに見ると、この一群のなかに原形植物を発見できるのではないかという例の出来心が、またしても私の心に起ってくるのだ。どうしてもそんな植物があるはずだ！　もしも植物がみな一つの規準に従って形成されているのでないとするなら、あれやこれやの形像が、同じ植物というものであることを、私はいかなる根柢から認識することができようか。

（ゲーテ『イタリア紀行』中巻、岩波文庫、百十六頁。一七八七年四月十七日、パレルモ植物園にて。）

原形植物は世にも不思議な植物で、それを発見した私は、自然によって羨まれても然るべきである。この典型と鍵とによってわれわれは植物を無限に発見できるし、それらの植物は首尾一貫したものでなくてはならぬ。すなわちたといそんな植物が存在しないにしても、存在し得るものであり、絵画や文学上の影像や仮象とは異なって、内的な真実性と必然性とを持っているのである。

（同右、百八十六頁。一七八七年五月十七日、ナポリにて、ヘルダーに宛てて。）

あらゆる植物は原形植物のメタモルフォーゼであり、原植物の中にはいっさいの植物の可能性が秘められている。ゲーテはこの美しい思想を通じて「あれやこれやの形象が同じ植物というものであること」の認識を可能ならしめる究極の鍵を手にしたのである。そうして「この典型と鍵とによってわれわれは植物を無限に発見できる」とゲーテは言っている。まさしくそのように、ガウスは原相互法則を発見したという推測が正鵠を射ているとするならば、この典型と鍵とによってガウスは無数の相互法則を発見することができるであろう。逆に、もし数学的自然世界の中に多種多様な相互法則が次々と発見されていくという状勢が本当に現出するならば、それは原相互法則というものの疑うべくもない存在証明である。こうしてガウスは、自然学におけるゲーテの自然観にもまがう特異な数学的自然観に導かれて、高次冪剰余相互法則の探究へと歩を進めたのである。

ガウスの言葉に接しておおよそこんなふうに考えるようになった。するとガウスの数論の基幹線がくっきりと浮かび上がり、ガウスの数論の名のもとに登場する多種多様な素材のあれこれが、全体としてひとつの生きた有機体を生成しているように思われた。ガウスの数論は個々の場面に目をやると収拾のつかないほどに複雑多彩な様相を呈するが、全体像は驚くほど単純である。ガウスの数論とは何かと端的に問われたなら、簡潔にひとことをもってこんなふうに答えればよいであろう。相互法則、と。

『アリトメチカの探究』の序文中のガウスの言葉（2）円周等分の理論への言及

『アリトメチカの探究』の序文には、次に挙げるような、もうひとつの際立った言葉が書き留められている。

> 第七章で考察される円周等分の理論、もしくは正多角形の理論は、なるほど**それ自身はア**リトメチカに所属するものではない。だが、それにもかかわらず、その**諸原理**はひとえに高等的アリトメチカから汲まなければならないのである。

（ガウス全集、第一巻、八頁。ゴシック体で表記した二箇所の言葉は原文では斜体で表記されて強調されている。）

本当にわずかな言葉だが、ここには真に刮目に値する何事かがさりげなく語られている。高木貞治の著作『近世数学史談』をひもとくと、第一頁の冒頭に「一七九六年三月三十日の朝、十九歳の青年ガウスが目ざめて臥床《がしよう》から起き出でようとする刹那《せつな》に正十七角形の作図法に思い付いた」と記され、続いて、この発見を伝えるガウスの《数学日記》第一項目が引かれている。

ガウスの発見は確かに特筆に値するものであり、これによって正多角形の作図法は古代ギリシア以来実に二千年の時を隔てて著しい進展を見たのである。『近世数学史談』を一読してこの間の消息を教えられ、率直に驚嘆したが、素朴な疑問もまた絶えずつきまとっていた。なぜならガウスはこの発見を包摂する一般理論、すなわち円周等分の理論を建設し、それを『アリトメチカの探究』という表題をもつ書物の第七章にあてたのである。それなら、幾何学の一問題にしか見えない正多角形作図法は、何かしら知りえない理由によってアリトメチカの一領域を形作ると考えられていることになる。一見してありえない事態と言わなければならなかった。正多角形の作図法はいかなる根拠に基づいてアリトメチカでありうるのであろうか。これが、『近世数学史談』をはじめて目にしたときから持ち続けていた疑問である。形態は簡素だが解決はむずかしく、ガウスの言葉を聞いて氷解するまで、意外にも十年余に及ぶ大疑問となったのであった。

転機は六年前（註：昭和五十七年）の秋に訪れた。真に驚くべきことに、ガウスは一八〇一年の時点ですでに疑問の出現を予期し、そればかりか前もって解答の所在を指し示していたのである。円周等分の理論もしくは正多角形の理論はそれ自身としてはアリトメチカとは無縁であると、ガウスは明快に言い切った。疑問の一半はこれで解決されたのである。そうしてガウスはさらに語を継いで、この理論を支える諸原理はアリトメチカの泉から汲まなければならないと言い添えた。すると疑問の残りの一半はこれで解決の途についたのである。数学的自然の表層に現れた形式論理的な矛盾に心を奪われてはならず、まっすぐに諸原理の究明に向かえばよかったのである。

その後の究明はよどみなく進行した。広く知られているように、ガウスは平方剰余相互法則の別証明をさまざまに追い求め、全部で八通りもの別証明を与えたが、第四証明はいわゆる「ガウスの和」の符号決定問題の究明を通じて獲得されたのである。われわれはだれしも、円周等分の理論の根底には平方剰余相互法則の証明原理が横たわっているという不思議な光景に目を射られ、しみじみと心を打たれるのではあるまいか。素朴な疑問はこうして消失した。

ガウスの第四証明はガウスの全数論の白眉であり、目を凝らして見つめていると、相互法則の織り成すパノラマの全景を描写しつくそうとするガウスの心象風景の核心が彷彿するようである。一般相互法則の確立という一事はなるほどガウスの数論の具体的指針となることであろう。だが、自然観察の究極のねらいは写生ではなく諸原理の解明である。ガウスは相互法則の証明原理の中に何かしら超越的な契機のきらめきを垣間見て心から驚嘆し、その全容の解明を企図したのではあるまいか。『アリトメチカの探究』の序文に見られるわずかな言葉は、そのようにわれわれに語りかけているのである。

さまざまな次数の冪剰余相互法則を余すところなく明るみに出し、しかも何かしら超越的な性格を備えた証明原理をみいだすこと。それがガウスの数論の歩むべき道であり、ガウス自身をはじめとしてヒルベルトにいたるまで、人から人へと実際にそのような歩みが継承されていった。するとそこには確かに、ある特異な数学史、ドイツ数学史の成立が認められるのである。以下、順を追って全容の展望を試みたいと思う。

第二部　ガウスの数論とその展開

ガウスの数論の展望

数論におけるガウスの研究を列挙しよう。

I　相互法則

（a）平方剰余の理論（平方剰余相互法則とその二つの補充法則の八通りの証明）

（b）四次剰余の理論（四次剰余相互法則とその二つの補充法則の発見。四次剰余相互法則の証明は公表されなかったが、遺稿の中に証明のスケッチを書き留めた断片が存在する。補充法則の証明は公表された。）

II　二次形式論

（a）二次形式により表示される数の形の決定

(b) 種の理論（この理論に基づいて平方剰余相互法則の第二証明が得られる。ガウスの二次形式論の真意はそこに認められる。）

Ⅲ 円周等分の理論
(a) 円周等分方程式の解法と代数的可解性の証明
(b) 作図可能なあらゆる正多角形の決定
(c) ガウスの和の符号決定問題の解決（この符号決定の様式から平方剰余相互法則の第四証明が導かれる。）

Ⅳ レムニスケート等分の理論（後述するように、この理論は四次剰余の理論と連携する。）

典拠は左記の通りである。(A) は著作、(B) − (F) は論文、(G) は遺稿である。

(A)『アリトメチカの探究』（一八〇一年。全十二巻、十四冊のガウス全集のうち、第一巻の全体を占めている。）

【目次】

第一章　数の合同に関する一般的な事柄
第二章　一次合同式
第三章　冪剰余
第四章　二次合同式

数学的帰納法による平方剰余相互法則の第一証明（I‐a）
第五章　二次形式と二次不定方程式
二次形式論（II）
第六章　右記の諸研究のさまざまな応用
第七章　円周の分割を定義する方程式
円周等分の理論。ただし、「III‐c」についてはガウスの和の提示とその絶対値の算出が見られるのみであり、符号の決定はなされていない。
（B）アリトメチカの一定理の新しい証明
一八〇八年。ガウス全集、第二巻、一‐八頁。平方剰余相互法則の第三証明（I‐a）。
（C）ある種の特異級数の和
一八一一年。ガウス全集、第二巻、九‐四十五頁。ガウスの和の符号決定（III‐c）と、それに基づく平方剰余相互法則の第四証明（I‐a）。
（D）平方剰余の理論における基本定理の新しい証明と拡張
一八一八年。ガウス全集、第二巻、四十七‐六十四頁。平方剰余相互法則の第五証明と第六証明（I‐a）。表題中の「基本定理」は平方剰余相互法則を指す。
（E）四次剰余の理論　第一論文
一八二八年。ガウス全集、第二巻、六十五‐九十二頁。四次剰余相互法則の二つの補充法則の提示と証明（I－b）。

（F）四次剰余の理論　第二論文

一八三二年。ガウス全集、第二巻、九十三－百四十八頁。四次剰余相互法則の発見（I－b）。

ただし証明は記されていない。

（G）剰余の解析

遺稿。ガウス全集、第二巻、百九十九－二百四十頁。平方剰余相互法則の第七、八証明（I－a）。

この二つの証明は同じ原理に基づいているのでひとつの証明と見ることも可能である。その場合、ガウスの別証明の個数は七個に数えられる。

ここに挙げたもののほかにも大量の遺稿が残されている。レムニスケート等分の理論に関する体系的な論述は見あたらないが、二、三の重要な記述がガウス全集に散在している。『アリトメチカの探究』は大部な書物だが閉じた体系を作っているわけではなく、自然に後年の諸論文の世界へと開かれていく。そうして同じことはガウスの数論的世界それ自体にもあてはまり、ガウスを起点としておのずとドイツ数学史の世界が開示されていくのである。

高次冪剰余相互法則への四つの指針

ガウスは高次冪剰余相互法則への道を指し示す四つの指針、すなわち二つの具体的な指針とひとつの示唆、それにもうひとつのメッセージを書き残している。まずガウスは論文「平方剰余の理論における基本定理の新しい証明と拡張」の序文の末尾の辺でこう言っている。

……私は一八〇五年から三次および四次剰余の理論という格段に困難なテーマの探究を開始したが、その際、かつて平方剰余の理論において出会ったものとほとんど同じ運命に襲われたのである。なるほど確かに、これらのテーマを完全に汲み尽くす諸定理、平方剰余に関する理論との不可思議な類似がそこに立ち現れている。そのような諸定理は、適切な方法で探し求めたらすぐに、帰納的な道筋をたどって発見された。だが、それらの諸定理の申し分なく完全な証明に到達しようとするあらゆる試みは久しく実を結ばなかった。まさにこのような状勢が刺激となって、私は多くの異なる方法のうちのどれかひとつは、解明されるべき同系のテーマに何ほどか寄与しうるのではないかという希望に支えられつつ、平方剰余に関する既知の諸証明になお別証明を付け加えよう努めたのであった。

（ガウス全集、第二巻、五十頁）

ガウスは平方剰余相互法則に対して八通りもの証明を与えたが、一見していかにも異様な営為であり、真意を諒解するのは困難である。ところがわれわれはここでガウスの本当のねらいが吐露されている様子を目の当たりにして、心から驚きを禁じえないのである。ガウスの視線ははじめから平方剰余相互法則をこえた地点に向けられている。さまざまに工夫を凝らして新たな試みを重ねていったのは、ひとえに四次剰余相互法則の証明の第一着手を見つけるためだったのである。
上記の引用文に続く箇所でガウスはその第一着手の発見を明言し、近々公表することを予告しているが、四次剰余に関する諸研究が実際に報告されたのはずっと後のことであった。しかも正しく証明されたのは二つの補充法則のみであり、四次剰余相互法則そのものはようやくその形態が発見されただけにすぎなかった。そうして証明を与えるべく計画されていた第三論文はついに日の目を見なかったのであるから、数論におけるガウスの研究はここに未完成のまま終焉したのである。ガウス以降、高次冪剰余相互法則の探究はさまざまに試みられたが、基本線は一貫して変わらなかった。高次冪剰余相互法則の糸口は平方剰余相互法則の中に隠されている。これがガウスの第一の指針である。
さて、四次剰余相互法則の姿を正しくとらえるためには、数域の適切な設定が不可欠である。「四次剰余の理論　第二論文」の中でガウスはこう言っている。

……われわれは一八〇五年からこのテーマに向けて心を傾け始めたが、そのときただちに、一般理論の真の泉はアリトメチカの拡大された領域の中に探し求められるべきであることを、われわれは確信した。

すなわち、これまで探究されてきた諸問題では、高等的アリトメチカは実整数だけの範囲内に限定されているが、四次剰余に関する諸定理はアリトメチカの領域が虚の量にまで拡張されて、$a+bi$ という形の数が制限なしにアリトメチカの対象となるようになってはじめて、最高の単純さと真実の美しさをもって光り輝くのである。ここで i は習慣に従って虚量 $\sqrt{-1}$ を表し、a, b は $-\infty$ と $+\infty$ の間のあらゆる不定実整数を表わす。（ガウス全集、第二巻、百二頁）

ガウスは四次剰余の理論の真の泉を探し求めるべく特殊な形態の複素数を導入し、それを複素整数と名づけた。今日の用語法でガウス整数と呼ばれる複素数である。ガウスによれば、四次剰余相互法則はガウス整数域においてはじめて「最高の単純さと真実の美しさをもって光り輝く」のである。数学に複素数を取り入れなければならない真の理由に触れる感銘の深い言葉だが、ここにはなお脚註が附されている。

ここで、通りすがりに、少なくともこのようにして確立された数域は、わけても四次剰余の理論にとって相応しいものであることに注意を喚起しておくのが時宜にかなっていると思う。それと同時に、三次剰余の理論は $a+bh$ という形の数の考察を土台として、その上に建設されるのが至当である。ここで h は方程式 $h^3-1=0$ の虚根、たとえば $h=-\frac{1}{2}+\sqrt{\frac{3}{4}}\cdot i$ である。また、同様に、高次冪剰余の理論は他の虚量の導入を必要とするであろう。（同右）

「高次冪剰余の理論は他の虚量の導入を必要とするであろう」とガウスは語っている。消え入りそうなほどにかすかな言葉の中に、数論におけるガウスの構想の雄大さが彷彿する。ガウスの数論の気圏は一般の高次冪剰余相互法則をも包摂し、本当にひろびろと広がっているのである。

ガウスによれば、冪剰余相互法則には、それが本来棲息して繁茂するべき固有の場所、自然存在域ともいうべき場所が伴っている。四次剰余相互法則は必然的にガウス整数域を要請し、三次剰余相互法則は、h は1の原始三乗根として、$a+bh$ という形の数域を要請する。そうしていっそう一般に、高次冪剰余相互法則を正しくとらえるためには、何かしらそれにふさわしい虚量を導入して、しかるべき数域を設定しなければならないのである。それはどのような数域なのか、明示されてはいないが、ガウスの意を汲めばおのずと明らかである。n 次冪剰余相互法則の存在域。それは1の原始 n 乗根を包含する数体である。われわれはそのような数体を任意に設定し、その場所において n 次冪剰余相互法則を確立しなければならない。これがガウスの第二の指針である。

前記の二つの指針のほかに、なお二つの指針が残されている。ひとつはクンマーの数論とともに、もうひとつはアーベルの代数方程式論とアイゼンシュタインの数論とともに、まもなく言及する機会が訪れるであろう。

クンマーの数論

ガウス以降に試みられた高次冪剰余相互法則のさまざまな探究の中で、わけても特筆に値するのはクンマーとアイゼンシュタインの研究である。まずクンマーの数論を一瞥しよう。

クンマーはガウスの四つの指針のうちはじめの三指針にだれよりも忠実にしたがって、大きな一般性を備えた一系の高次冪剰余相互法則、すなわちあらゆる正則な奇素数 p に対する「p 次円分体 K_p における p 次冪剰余相互法則」を明るみに出すことに成功した。舞台として p 次円分体 K_p が設定されているが、ここに明らかに見て取れるのはガウスの第二の指針の反映である。他方、奇素数 p に対して「正則」という限定条件が課されている。これは円分体 K_p の類数が p で割り切れないことを意味するが、その場合、円分体 K_p 自身が正則と呼ばれることもある。この用語法に従うと、クンマーは正則な円分体において相互法則を確立したのである。

もしガウスの第一の指針が正しいならば、高次冪剰余相互法則の手掛かりは平方剰余相互法則の中にみいだされるはずである。たとえば、ガウスの第四、六、七番目の証明はいずれも円周等分の理論と深い関わりをもっているが、クンマーは一般化された円周等分の理論の建設を通じて、広範な高次冪剰余相互法則を獲得しようと試みたようである。だが、クンマーは論文「素数次数の冪の剰余と非剰余の間の一般相互法則について」（一八五九年）の中でこう言っている。

……私はついに、そのときまで追い求めていた円周等分の一般化の途を断念して、他の手段を探究せざるをえなくなった。私は基本定理のガウスの第二証明、すなわち二次形式の理論に依拠する証明の方法に注意を向けた。この証明の方法は、その時点までは平方剰余に限定された状態にとどまっていた。だが、それにもかかわらず、この証明は、その諸原理を見ると、高次冪剰余相互法則の究明にも首尾よく適用できるのではあるまいかという期待を抱かせる一般的性格を備えているように私には思われた。そうしてこの私の期待は実際に満たされたのであった。

（クンマー全集、第一巻、七百九‐七百十頁）

クンマーはガウスの第二証明の根底に横たわる諸原理の普遍性を感知して、種の理論の一般化に成功したのである。

もし p が正則な奇素数なら、すなわち円分体 K_p が正則ならば、その上の p 次相対クンマー体はつねに分岐する。それが正則円分体のもっとも本質的な性質であり、分岐イデアル、すなわち相対判別式が真に存在するおかげで、それを梃子として一般化された種の理論の展開が可能となって、p 次冪剰余相互法則が証明されるのである。他方、もし K_p が正則でなければ、その上の p 次相対クンマー体の中には一般に不分岐なものが存在し、そのために今度は種の理論そのものが考えられないという事態が生じうる。種の理論にはおのずと適用限界が存在し、それが正則という一条件によって明示されているのである。

最後にイデアルの概念に言及したいと思う。この概念の由来をフェルマの大定理に見ようとする言説にしばしば出会うが、真実の泉は相互法則である。平方剰余相互法則の主役を演じるのは奇素数であることを想起して、その「素」という概念にくれぐれも注目したいと思う。ガウスははじめ四次剰余相互法則を通常の有理整数域において見つけようと試みて失敗し、その経験を踏まえて、やがて数域の拡張の必然性の自覚に到達した。四次剰余相互法則というものは何かしら拡張された意味における素数間に成立するべき法則である。それが数域の拡張という出来事の本質であり、ガウスはこの基礎的認識の自覚の上に、ガウス整数域における素数をみいだしたのである。すると、ここには確かに、素イデアルというものの存在を暗示するほのかな萌しが認められるであろう。いっそう一般に、高次冪剰余相互法則を正しく発見するには、この法則に相応しい何かしら「素」と呼ばれるべきものの正体を明るみに出さなければならない。これがガウスの第三の指針である。クンマーは導かれるままに歩を進め、みごとに素イデアルの概念を発見したのである。

類体論の建設

クンマーの巨大な成果を受けて、高次冪剰余相互法則を完成の域に高めるべく新たなベースキャンプを設置したのはヒルベルトである。クンマーが直面した峻険な山壁は種の理論の適用限界に起因して生じるのであるから、それを乗り越えるためには、何かしら斬新な手段の開発が要請されるのは明白である。ヒルベルトは手掛かりを求めてクロネッカーの数論を探索し、類体論のアイデアの抽出に成功した。

ヒルベルトの数論の中核は左記の三論文である。

(A) 代数的数体の理論(一八九七年)
(B) 相対二次数体の理論について(一八九七年)
(C) 相対アーベル数体の理論について(一九〇二年)

論文(A)は名高い「数論報告」だが、その実体はクンマーの理論の報告である。ヒルベルトは冪剰余相互法則を任意の数体に移そうと企図して、まずはじめにクンマーの理論を数体の構造論の視点からとらえなおしたのである。論文(B)では、クンマーの理論の対象外である平方剰余相互法則が、クンマー直伝の種の理論に依拠して任意の数体kにおいて追及されている。1の平方根±1は任意の数体に含まれているから、ガウスの第二の指針によって、平方剰余相互法則の自然存在域となりうる数体は理論上完全に任意である。だが、ここでは種の理論の適用限界に起因して、基礎体kにはおのずと限定条件が課されるのである。論文(C)では、上記の二論文の中で通奏低音のように語られていた類体論のアイデアが相当にくっきりとした輪郭をもって表明されている。

類体論は相互法則究明の切り札であり、構成の仕方に応じて、それに見合うだけの冪剰余相互法則が獲得されることであろう。ヒルベルトの場合には、直接のねらいが種の理論の適用限界の打破にあったから、その類体論がいわば「不分岐類体論」ともいうべき性格を帯びるのは成り行き上当然のことであった。不分岐類体論を構成して、冪剰余相互法則をいっそう広範に押し進めようというのがヒルベルトの構想であり、フルトヴェングラーに継承されて日の目を見ることになった。フルトヴェングラーはクンマーとヒルベルトが課した限定条件を取り払い、あらゆる奇素数 p について1の原始 p 乗根を含む任意の数体における p 次冪剰余相互法則と、任意の数体における平方剰余相互法則を確立したのである。

最後に、「奇素数」という限定条件をも取り去ることが残されている。そのためには類体論をその要請に応えうる形に作り上げればよいであろう。フルトヴェングラーがヒルベルトの不分岐類体論に依拠して二次および奇素数次の冪剰余相互法則を確立したように、アルティンは高木貞治のいわば「分岐類体論」から出発し、フルトヴェングラーが歩んだ道をたどり直して、完全に一般的な冪剰余相互法則に到達したのであった。

アーベル方程式の発見

類体論の構想は数論におけるヒルベルトの最大の功績だが、その起源はクロネッカーの数論である。実際、クロネッカーの数論的世界には類体論の成立の可能性がさながらエーテルのように遍在しているが、元来、類体という概念は、相対アーベル数体をある特定の角度から観察する際に目に映じる情景を描写したのである。そうして相対アーベル数体の根底にはアーベルのアーベル方程式が横たわり、そのアーベルはガウスのメッセージに誘われてアーベル方程式の概念に到達したのであった。

『アリトメチカの探究』第七章「円周の分割を規定する方程式」の序文の中で、ガウスは「この理論の諸原理は円関数のみならず、他の超越関数、たとえば積分 $\int \frac{dx}{\sqrt{1-x^4}}$ に依拠する超越関数に対しても適用可能である」（ガウス全集、第一巻、四百十二‐四百十三頁）という不思議な言葉を書き留めている。すなわち、ガウスは円関数とレムニスケート関数（レムニスケート積分 $\int \frac{dx}{\sqrt{1-x^4}}$ の逆関数）に対して、何かしら同一の諸原理に基づく理論が成立すると語っているのである。本当にわずかな言葉だが、これはついに日の目を見ることのなかった巨大で独創的なガウスの楕円関数論の片鱗であり、高次冪剰余相互法則への道を指し示すガウスの第四の指針である。ガウスはこの深い神秘感を湛えたメッセージを通じて、ガウスの数論的世界の内陣への扉を開く究極の鍵の所在を示唆したのである。そうしてアーベルとアイゼンシュタインの二人だけが、このメッセージを確かにその手に受け取った。まずアーベルの探究を概観しよう。

アーベルはきわめて広範な展望をもって、一般に第一種楕円積分の逆関数、すなわち楕円関数の等分方程式の理論を展開した。その諸結果の報告は長篇「楕円関数研究」（一八二七‐二八年）の成果だが、中核に位置を占めるのは虚数乗法論である。ホロンボエ宛書簡（一八二六年十二月。日付不明）の中で、アーベルは生き生きと語っている。

ぼくは定規とコンパスを用いてレムニスケートを 2^n+1 個の等しい部分に分けることができることを発見した。ただし、この個数が素数のときだけだが。この分割は次数 $(2n+1)^2-1$ の方程式に依存しているが、ぼくはその方程式の平方根による完全な解法を見つけたのだ。ぼくはこのことを通じて、同時に、円周の分割に関するガウス氏の理論を覆って働いているあの神秘を見抜いてしまった。

（アーベル全集、第二巻、二百六十一頁）

直接語られているのはレムニスケート曲線の周期等分の理論だけにすぎないが、その根底には広範な一般理論が横たわっている。「ガウス氏の理論を覆って働いているあの神秘」のベールをあばいたアーベルは、ここにアーベル方程式の発見を宣言し、ガウスのいう諸原理のひとつを明るみに出したのであった。

アーベル方程式の発見がなされた瞬間の情景を観察するために、アーベルにならって奇素数 $p = 4n + 1$ を取り、レムニスケート関数 $\varphi(u)$ の周期 p 等分方程式の代数的可解性を考察しよう。フェルマの定理（直角三角形の基本定理）によって、p は二つのガウス整数 $\lambda = a + bi$ と $\bar{\lambda} = a - bi$ の積として書き表されるが、アーベルはレムニスケート関数の周期の λ 等分と $\bar{\lambda}$ 等分、いわば虚数等分を考察した。アーベルは周期 p 等分方程式の根が周期 λ 等分方程式と $\bar{\lambda}$ 等分方程式の根を用いて代数的に書き表されるという状勢に着目し、問題を虚数等分方程式の解法に帰着させたのであった。比類のないほどに独創的な着想と言わなければならないが、虚数等分方程式を実際に書き下すことを可能ならしめているのは、レムニスケート関数の二つの著しい性質、すなわち加法定理の成立と、それに、ガウス整数域の数を虚数乗法にもつという性質である。前者は楕円関数に附随する一般的性質だが、後者はレムニスケート関数に備わっているきわめて特異な性質であり、方

程式

$$\varphi(iu) = i \cdot \varphi(u)$$

によって簡明に表現される。われわれはこれらの二性質に助けられてガウス整数域に係数をもつ虚数等分方程式へと導かれるが、アーベルは、その方程式はアーベル方程式であり、したがって代数的に可解であることを証明した（アーベル全集、第一巻、三百五十二－三百六十二頁）。レムニスケート関数はガウス整数域の数を虚数乗法にもち、そのおかげでガウス整数に関する虚数等分方程式が成立し、アーベル方程式を経由して周期 p 等分方程式の代数的可解性が判明する。これがアーベルの理論の骨子であり、同時に虚数乗法論の起源である。クロネッカーはこのアーベルの貴重な遺産を継承したのであった。

クロネッカーのアーベル方程式論

クロネッカーはアーベルの深い影響のもとに書かれた論文「代数的に可解な方程式について」（一八五三年）の末尾の辺で、二つの顕著な言明を行った。ひとつはガウスの定理の逆の事柄を主張するものであり、「任意の整係数アーベル方程式の根は1の冪根の有理関数として表示可能である」（クロネッカー全集、第四巻、十頁）という、いわゆるクロネッカーの定理である。もうひとつの言明は、その係数が$a+b\sqrt{-1}$という形の複素数のみを含むようなアーベル方程式の根と、レムニスケートの分割の際に現れる方程式の根の間にも、類似の関係が存在する。そうして、究極的には、その結果をいっそう広範に、その係数が一定の代数的数に由来する非有理性を含むようなすべてのアーベル方程式に対して一般化することが可能である。

（クロネッカー全集、第四巻、十一頁）

というものである。前半で主張されている事柄は上記のアーベルの理論の逆だが、後半では、その究極の一般化が語られている。いっそう具体的に、係数域として虚二次数域を採用すると、そのようなアーベル方程式は「特異モジュールをもつ楕円関数の変換方程式で汲み尽くされる」という、クロネッカーの「最愛の青春の夢」が主張されるであろう。クロネッカーは一八八〇年三月十五日付デデキント宛書簡の中で「青春の夢」を語ったが（クロネッカー全集、第五巻、四百五十五頁）、同じ書簡の末尾の辺の断片的な記述により、「さらに進んで一般の複素数に対しても特異モジュールの類似物をみいだす」（同右、四百五十七頁）という希望を抱いていたことが知られるのであるから、クロネッカーは確かに、ガウスからアーベルへと継承された路線をどこまでも押し進めていった先に開示される究極の世界を視圏にとらえていたのである。クロネッカーはその世界の解明をめざして、独自の数論を構築したのであった。

クロネッカーの数論の主柱は左記の通りである。

（A）代数的量のアリトメチカ的理論の概要（一八八一年）

（B）楕円関数の理論I‐XXII（一八八三‐一八九〇年）

（A）で展開されているのはクロネッカーに独自の代数的整数論だが、「相対アーベル数体は類体である」という、高木貞治の類体論の主定理が全体の基調をなしているかのような印象がある。（B）は「青春の夢」の解決をめざして試みられた長大な晩年の連作である。ヒルベルトはクロネッカーの数論から類体論を抽出したが、そのおかげで確かに高次冪剰余相互法則がもっとも一般的な形で発見され、「青春の夢」もまた高木貞治の手で解決された。こうしてクロネッカーの数論はあたかも今日の相対アーベル数体の理論の基盤であるかのように、われわれの目に映じるのである。だが、このような観察にはあるたいせつな視点が欠けていて、そのために本質が見失われてしまう。クロネッカーの数論の本質。それはアイゼンシュタインの数論である。

第三部　展望と課題

クロネッカーの数論的世界の外面的相貌がアーベル方程式論によって規定されているとすれば、

内面的性格を規定しているのはアイゼンシュタインの数論である。

アイゼンシュタインは連作「楕円関数論への寄与I－VI」の第一論文「レムニスケート関数の理論からの四次の基本定理の導出。並びに乗法公式と変換公式への所見」（一八四五年。オルムス版アイゼンシュタイン選集、百二十九－百五十四頁）において、レムニスケート関数の虚数等分方程式――それはアーベル方程式の故郷であった――の諸係数の有するある著しいアリトメチカ的性質――それはクロネッカーの合同式の原型である――をみいだして、それに基づいて四次剰余相互法則の証明を導いた。この小さな成果こそ、ガウスの第四の指針の指し示す方向に向けて歩まれた巨大な一歩であり、まさにそれゆえに、アイゼンシュタインはアーベルと並んでガウスの数論の本質的な継承者となったのである。

円周とレムニスケートの等分理論に潜んでいる二次と四次の相互法則の証明原理に目を留めたガウスのように、われわれは一般にあらゆる次数の冪剰余相互法則の場において、何かしら超越的な証明原理の存在を期待したいと思う。それがクロネッカーの数論の究極の到達地点であり、クロネッカーの定理や「青春の夢」は、この延々と続いていく長い旅路の一里塚である。幸いにもリーマンによってアーベル関数が発見されている。楕円関数論の変換理論の中にアーベル方程式の豊かな泉を発見したアーベルのように、われわれははたしてアーベル関数論の中にアーベル方程式の新たな沃野を開くことができるであろうか。アーベル関数というものの本来の起源、ある種の代数的偏微分方程式系の積分に関するヤコビの理論が、歩むべき道をわれわれに教えてくれるであろう。

岡潔とドイツ数学史

岡潔・多変数関数論・「青春の夢」

数学に心を惹かれてすでに久しいが、数学史への関心は当初から芽生えていた。数学の真相は、いかなる砕片といえども、歴史的に諒解しない限り決して見えまいと思われた。心中にはひそかに期するものがあって、数学史と科学哲学の書物を読みあさったものであった。数学史が解明を企図する事柄はいかなるものかという問いも懸案だったが、これも難問であった。琴線に触れる発見はなかなか訪れてくれなかったが、他方、数学のほうはといえば、紆余曲折を経ながら次第に多変数関数論へと傾いていった。多変数関数論といえば岡潔だが、『春宵十話』をはじめとする岡の一群のエッセイ集は絶え間なく不可思議な光芒を放ち、ぼくの心をとらえ続けていた。岡に寄せる関心は筆舌に尽くしがたいほど深くまた複雑だったが、その世界に真に分け入るためには、岡の数学論文集への沈潜が不可欠のように思われた。

岡の数学論文集に立ち向かう決意を新たにしつつあったころには数学の勉強も多方面に拡散していたが、あるときヒルベルトの「パリの講演」の記録を通読して、ゆくりなく多変数関数論に出会うという一事があった。それは第十二問題「アーベル体についてのKronecker定理の、任意の代数的有理域への拡張」を見たときのことで、末尾の数行に次のような言葉が書き留められていた。

此まで点検してきた問題の中で、数学の三つの基本的分野、即ち、数論、代数学、函数論が最も親密な関係にあるのを、我々は見る。そして私は確信する。有理数体に於て指数函数により、虚二次体において楕円モヅル函数により演じられると類似の役割を、任意に与えられた代数体に於て演ずる函数の発見と研究とに到達すれば、多変数解析函数論は本質的進歩をなすであろうと。

(谷山豊訳。アンドレ・ヴェイユ『数学の創造』〈杉浦光夫訳、日本評論社〉所収。右記の第十二問題の表題も谷山訳。Kronecker はドイツの数学者レオポルト・クロネッカーを指す。ヒルベルトは一九〇〇年にパリで開催された第二回国際数学者会議において「数学の問題」という講演を行い、二十三個の問題を提示した。)

ぼくは最後の最後に突如として出現する「多変数解析函数論」の一語に強い印象を受け、目を見張りつつ岡潔を想起した。第十二問題では一般化された虚数乗法論、すなわち解析関数の特殊値を用いて相対アーベル数体を構成する理論をめぐって言葉が重ねられているが、本来の虚数乗法論はといえば、クロネッカー自身が一八八〇年三月十五日付のデデキント宛の手紙の中で、「私の最愛の青春の夢」と呼んでいるものにほかならない。その箇所は次の通りである。

この数箇月間、私はある研究に立ち返って鋭意心を傾けてきました。この研究が終結するまでにはなお多くの困難が行く手に立ちはだかっていたのですが、私は今日では最後の困難を克服したと信じます。そのことをあなたにお知らせするよい機会と思います。それは私の最愛の青春の夢のことです。詳しく申し上げますと、整係数アーベル方程式は円周等分方程式で汲み尽くされるのですが、まさしくそのように、有理数の平方根を伴うアーベル方程式は特異モジュールをもつ楕円関数の変換方程式で汲み尽くされる、ということの証明のことです。

（クロネッカー全集、第五巻、四百五十五頁）

「青春の夢（Jugend-traum　ユーゲント・トラオム）」の一語はきわめて魅力的であった。この言葉の響きの背後には、紛れもなく、今日では見失われているドイツ・ロマン派風の精神世界、シュテファン・ツヴァイク流に言えば「昨日の世界」が開かれているように思われた。こうして岡潔と「青春の夢」に手を引かれて多変数関数論へと導かれたが、いずれは数論を克服しなければならないこともまた明らかだった。

「ドイツ数学史」の流れ

さて、大学院で岡潔の数学論文集を読んだが、気が遠くなるほど難解だった。多変数関数論のテキストは幾冊かあったが、それらは岡の論文集を解明するためには無力だった。これには驚いたが、本来の歴史趣味に沿って一計を案じ、論文集に挙げられている諸文献を歴史的にさかのぼって、岡の理論の前風景を観察することにした。

この方法は有効だったが、それはそれとして、前風景の姿自体の印象もまた鮮烈だった。ぼくは岡の論文集を契機として、懸案の数学史の世界への大きな手掛かりを得たのである。とりわけレビとハルトークスの世界は感銘が深かった。この世界は岡の理論の基層だが、そのまた根底には、ヴァイエルシュトラスとリーマンによるアーベル関数論の世界が控えていた。さらにさかのぼればアーベルとヤコビの楕円関数論の世界があり、そのまた発生の泉を追い求めると、ガウスの数論の世界がひろびろと開かれた。これが最古層であった。

そこで、今度は逆にガウスから出発して歴史の流れに身をまかせると、リーマンとヴァイエルシュトラスを経て岡潔へと向かう上記の複素関数論の流れとともに、それとは別のもうひとつの風景が次々と展開していった。それはほかならぬ数論の大河であり、アイゼンシュタインとクンマーの一般相互法則、クロネッカーの「青春の夢」を経て、ヒルベルトの類体論に達していた。ガウスを共通の泉とする二筋の流れはもちろん無縁ではなく、ある単一のイデーに支えられながら、全体としてひとつの世界を開示しているのである。それゆえ、ガウスからヒルベルトまで、すなわちフランス革命後の（フランスではなくて）ゲッチンゲンから第一次大戦後のワイマール時代のゲッチンゲンまでの数学の流れを、簡潔に「ドイツ数学史」と総称することが許されるのではあるまいか。

ドイツ数学史の淵源をガウスに認めるのは、もとより相応の理由があってのことである。数学はもちろんガウス以前にも存在した。数論に即して言うならば、ガウスからさかのぼることおよそ一世紀半、フェルマに端を発し、オイラー、ラグランジュ、ルジャンドルと継承された渓流があった。この数論はフェルマとギリシアの数学者ディオファントスとの接触を契機として発生したのであるから、古代ギリシアの数学の復興の一形態とみなされるであろう。背景にはヨーロッパ世界の確立と成熟を基盤として、一般的に充溢していたルネッサンスの気運が広がっていた。

ガウスの数論もまたギリシアの復興である。だが、やや信じ難いことに、この復興はガウスに固有のものであり、フェルマとは無縁である。ルジャンドルの著名な著作『数論の試み』（一七九八年）にはフェルマ以来の数論が集大成されているが、そこに認められるある種のイデーは、ガウスの数論のイデーとはまったく性格を異にするのである。換言すると、ギリシアの数学のヨーロッパ世界への復興は、数論において相前後して二度起り、担い手の民族的色合いを反映して二通りの数論が形成されたのである。

数学はドイツ数学史を迎えて異様な高みに到達した。その高さの前ではさしものギリシアも霞んでしまうほどであり、アラビアの代数学もニュートンの流率法、ライプニッツの無限解析ものの数ではない。その一方では、フェルマを始祖とする第一復興期の数論は、ルジャンドルの著作を白鳥の歌として終焉した。わずかにフェルマの名を冠する大定理が、名残を惜しむよすがとなるのみである。

数学の相の変遷

ここには明らかにひとつの顕著な現象が看守される。それは数学の相の変遷という現象である。数学の成立をイデーの確立に認めるならば、数学はまずギリシアにおいて、おそらく史上はじめてひとつの相貌を見せた。そうしてこの第一相が、千年をはるかにこえる時を隔ててヨーロッパ世界に移植され、フェルマとガウスにおいて第二相、第三相へと転生したのである。これらにニュートンの流率法とライプニッツの無限解析を合わせれば、ギリシアの数学の三大復興が出揃うことになるであろう。

ところがワイマール時代に大きな変化が起った。それはドイツ数学史の終焉と数学の第四相、すなわち現代数学の出現である。ワイマール時代はドイツ数学史の終焉の地であり、その最後の光芒の中心に位置していた人物こそ、ヒルベルトである。ヒルベルトの名高い「数論報告」はドイツ数学史の集大成だが、この報告は、かつてのフランスの数論がルジャンドルによる集大成と運命をともにしたことを想起させて、見る者の感慨を誘うのである。

ワイマール時代には幾人ものフランスの数学者がドイツに遊んだものであった。彼らはやがて数学者集団ブルバキを結成し、ドイツ数学史を咀嚼吸収し、みずからに固有のイデーに依拠しつつ再構成を試みた。その流儀は換骨奪胎とも見紛うほど猛烈であり、虚々実々の駆け引きも見られるが、事柄の本質はイデーの転換である。そうしてブルバキのイデーは絶えて久しい第二相の数学を支えていたイデーと同じものであるから、ここにはまたしても数学の復興が認められるのである。数論の領域に目をやれば、かつてのフェルマに擬せられる人物もいる。ほかならぬブルバキの音頭取りのアンドレ・ヴェイユがその人である。

ぼくは岡潔の論文集に目を開かれて、数学と数学史をおおよそこんなふうに考えるようになった。その岡潔はといえば、ワイマール時代の末期に(ドイツではなくて)フランスに留学した。ちょうどブルバキの結集の契機となったジュリア・セミナーが始まろうとするころのことであった。岡はフランスに留学してフランス語で論文を書いたが、その数学はリーマンとヴァイエルシュトラスの系譜に位置づけられるものであり、ブルバキとは無縁である。すると岡もまた、フランスにおけるブルバキと同様に、しかもそれとは別の、ドイツの数学の移植者であるとは考えられないであろうか。あたかもギリシアの数学がフェルマとガウスを通じて独立に移植されて復興したように。

価値判断

数学は人から人へと継承されて変遷していくのであるから、数学史は数学者の心とその根底にあってそれを支えているイデーの相を描写するものでなければならないと思う。いつの日にかそのような数学史を叙述したいと願っているが、さてそのうえでもうひとつの本質的な論点がある。それは価値判断である。

われわれは価値判断を迫られている。学問や芸術の世界では中庸の精神ほど無意味なものはないからである。

手掛かりは数学史に求めなければならないが、たとえばクロネッカーはすでに記したデデキント宛の手紙の中で次のような示唆に富む言葉を書き留めている。

私は先ほど申し上げた定理の証明を長い間おぼろげに心に描いて探し求めてきたのですが、そのためにはなお、特異モジュールに対するあの注目すべき方程式の本性について、あるまったく別の――そのように申し上げてよろしいかと思います――形而上的洞察が私にとって不可欠でした。その形而上的洞察の力をもって、これらの方程式はなぜ――クンマーの表記法によりますと（私はそれを一八五七年一月にも報告の中で必要としました）――$a+b\sqrt{-D}$ に対する理想数に具体的な姿を与えるのに過不足のない無理量をもたらすのかという、その訳が明らかにされなければなりませんでした。

（クロネッカー全集、第五巻、四百五十七頁）

ここで言われていることによれば、「青春の夢」の解決の鍵は単項イデアル定理にあり、しかもそれが成立するという、そのこと自体にではなく、成立する所以《ゆえん》を形而上的に解明することにあるというのである。まことに不思議な言葉と言わなければならない。ぼくはドイツ数学史を渉猟して、ときおりこの種の深い言葉に遭遇した。それらは現代数学にはついに見られないものばかりであり、まさしくその点において、両者の根本的相違がくっきりと露呈しているのである。このような状勢は十分に価値判断の基準になりうるのではあるまいか。

クロネッカーの次の言葉も際立っている。

私はいよいよこれまでに獲得された事柄を解明してそれを書き留める仕事に取り掛からなければなりませんが、そうしますと、さらに進んで一般の複素数に対しても特異モジュールの類似物をみいだすという事柄の要点を片付けておく希望を、少々延期しなければなりません……

（同右）

この言葉から明らかに諒解されるように、クロネッカーの目ははじめから「青春の夢」をはるかにこえた地点を視圏にとらえていたのである。ヒルベルトはそれを第十二問題として描き出したが、まず「青春の夢」の部分が高木貞治の手で解決された。だが、それはヒルベルトの類体論の気圏の中での出来事であり、クロネッカーが示唆している方針に沿っているのではなかった。一般的な場合はヒルベルト自身やヘッケが先鞭をつけたが、やがてイデーが変遷し、今日ではヴェイユが開いた世界の中で探究が続けられている。では、それはそれとして、もう一度クロネッカー自身に立ち返って、クロネッカーの企図に沿いつつ実際に歩を運ぶことはできないであろうか。そうして、そのような歩みの延長線上に、ヒルベルトが大きな発展を予見した多変数関数論、岡の理論が現れてくるという情景を思い描くことは許されないであろうか。

ガウスからヒルベルトにいたるドイツ数学史の担い手は高々十数人にすぎないが、どのひとりもみな並々ならぬ巨人であり、なかでもクロネッカーはひときわ峻険な山岳である。少人数とはいえ、これら試みに彼らの全集を積み上げると小山のようである。だが、真に驚嘆せざるをえないことに、これらのすべてに精通しているとしか思えないヴェイユのような人もいることである。範として踏破を志したいと思う。数学の真髄がそこに埋もれているからである。

近代数学史における岡理論

理論形成への道と研究様式をめぐって

一　伝説の数学者「岡潔」

数学者「岡潔」の名は今日の若い世代には知られることが少なく、数学専攻の大学院生などに尋ねても、名前を聞いたことがあるという程度の返答が得られれば上々としなければならないところである。だが、他方、おおよそ四十代の後半あたりに存在すると思われる境界線（註：平成八年の時点での想定。平成二十六年現在、この境界線は六十台後半に移動した。ただし、この間に岡を新たに知る人が増加する傾向が見られるようになった）をこえた世界では、岡は抜群の有名人であり、人口に膾炙するという言葉がぴったりである。先日もこんなことがあった。ぼくは友人のYさんに連れられて新宿ゴールデン街に出かけ、Yさんの知り合いのHさんという人がやっているお店に顔を出した。カウンターに腰をかけ、辻さんと名乗る臨席の常連さんのひとりごとのような演説に耳を傾けると、なんでもカントやヘーゲルやフロイトはやさしいが、『日本のこころ』はわからない、あれはわからん、という話であった。唐突な『日本のこころ』の登場には意表を衝かれたが、これは昭和四十二年に講談社から刊行されたアンソロジーで、『春宵十話』以下、岡の五篇のエッセイ集を素材にして編まれている。「ひでお」がどうこうという話もあった。それは小林秀雄のうわさ話であり、世評の高かったあの岡と小林秀雄の対話『人間の建設』(新潮社)が伏線になっているのであった。辻さんは五十台後半とおぼしい風貌で、二八八〇〇bpsの高速通信モデムの入った紙袋を手にしていた。

岡潔は明治三十四年四月十九日に生れた人で、京都の第三高等学校(旧制)、京都帝国大学を経て、昭和四年、フランスに留学した。昭和七年、帰国して広島文理科大学に奉職したが、昭和十三年、職を辞して帰郷した。辞職の理由は不明である。昭和二十四年から奈良女子大学での新たな勤務が始まるが、その間の十一年に及ぶ歳月を通じ、故郷紀見村(和歌山県)において孤立無援の凄絶をきわめた数学的思索に身を投じた。今日の多変数解析関数論は、岡のこの紀見村の日々の中から生れたのである。

大戦後、一九五〇年代に入り、フランスを経由する形で日本でもようやく岡の評価が確定し(後述するように、「真価が正しく認識された」というわけではない)、学士院賞、朝日賞に続き、昭和三十五年には文化勲章が授与された。名声の高まりにつれて一風変わった奇人変人ぶりも次第に世上にのぼり始めたが、昭和三十八年、第一エッセイ集『春宵十話』の刊行を見て、岡は広く世の注目を集めるようになったのである。以下、昭和四十四年の『神々の花園』(講談社現代新書)にいたるまで、夜を日に継ぐような執筆活動が継続された。ベストセラーも相次ぎ、その発言はさまざまな論者によりさまざまな文脈で引き合いに出されるようになった。あの一九六〇年代の一時期には確かに、一種の「岡潔ブーム」のようなものが広範囲に現出していたように思う。

昭和四十四年以降は「こころの世界の解明」に専念し、『春雨の曲』という著作の構想を得て改稿を繰り返した。昭和五十三年が最後の年になった。一月二日、軽度の心臓発作に見舞われ、十五分間ほど、意識不明の状態に陥った。一月十三日には『春雨の曲』第八稿を書き始めたが、次第に衰弱が進み、三月一日午前三時三十三分、「あしたになったら死んでるやろ」という言葉を遺して他界した。春一番が吹き荒れてひどい嵐の夜だったということである。

時代は変遷し、あの「四十代後半の境界線」は日に日に遠ざかりゆくばかりだが、ぼくはときおり、思いがけない場所で岡潔の名に出会って目を見張る思いをすることがある。たとえば、昨年（註：平成七年）の冬、月刊誌「文藝春秋」二月号で「ワレ水虫四十年戦争ニ勝テリ」という奇抜なエッセイを読んだときもそうだった。筆者の山崎光夫氏がかつて雑誌記者時代に岡をルポしたおりの見聞によれば、岡潔は「足の水虫を薬もつけずに放置しておいた」という。そこでその理由を尋ねると、「こんな気持のいいものを治せますか」という答が返ってきたというのであった。万事がこんなふうで、今では岡潔は、さながら無数の片雲の群に分解した巨大な伝説の雲塊のようである。それらはみな自在な変奏を繰り広げながら、今もこの世に生きて働いているのである。

二　パリの岡潔

フランスではソルボンヌ大学に籍を置き、図書閲覧のための授業料のみを払い、「毎日数学教室附属の図書室へ通って、土地を探索し続けた」（『昭和への遺書　敗るるもまたよき国へ』所収「敗るるもまたよき国へ」第九節「西の子の文化」）。形の上で師事したのは、近年「ジュリア集合」の名とともに語られることの多い、あのガストン・ジュリアである。しかし岡の課題は「生涯をかけて開拓すべき、数学的自然の中に於ける土地」（同右）を見つけることであったから、特定の指導者は不要である。図書室に通い、ラテン文化の流れに乗って身をまかせると、やがて「ライフワークとするに姿といい意義といい格好の土地」（同右）に運ばれていった。それは多変数解析関数論における「三つの問題群の作る山嶽」（同右）であった。三つの問題とは、クザンの問題、近似の問題、それにハルトークスの逆問題である。

「いわば、ここに一つの大道がある。近きを数えてもデカルト、ニュートン、オイラー（以上十七世紀の大数学者たち）、ガウス、コーシー、リーマン、ワヤーストラース（以上十九世紀の大数学者たち）によって代表される解析学の大道は、その行くてを、高いけわしい山脈によってさえぎられている。この困難は年の順にファブリー（一九〇二）、ハルトッグス（一九〇六）、E・E・レビー、ジュリア、トウルレン、アンリー・カルタン（一九三二、これはエリー・カルタンの令息）によって、次第に明確にされたものである」（『一葉舟』所収「ラテン文化とともに」）。そうして「この山脈の向こうはどのような土地かはわからない。しかしこの山脈を越えなければ大道はここにきわまる」（同右）のであるから、問題の存在理由は明白である。しかも「困難の姿態が実に新しくかつ優美である」（同右）。岡は当面の問題として「第一着手の発見」という問題を設定し、部屋で深夜ひとりじっと見つめた。すると、「私にも解けないかもしれないが、もし私に解けないならばフランス人にも解けるはずがない。それにこの問題は十中八、九解けないだろうが、一、二解けないとはいいきれない節がある。せっかくの一生だからそれでなければ面白くない。よしやってやろうと思った」（同右）。

ライフワークはこうして確定した。これが、三年間の留学の成果のすべてであった。学位も取得せず、論文は、習作を二つ書いたきりだった。ジュリアを驚かしたほどの着想を示したこともあるが、公表にはいたらなかった。昭和二十三年（一九四八年）、ケンブリッジでの国際数学者会議のおり、ジュリアは末綱恕一に岡の近況を尋ね、「岡にその論文を書いて持ってくるようにといったが、あれは破り棄てたという返事だった」と洩らしたという。これは秋月康夫の回想「わが友、岡潔君」の中で、末綱恕一から聞いた話として伝えられているエピソードである。

三　多変数解析関数論

多変数解析関数に関する一般理論の建設への歩みはヴァイエルシュトラスとともに始まるが、理論形成の基本契機として作用したのは「ヤコビの逆問題」である。ヤコビの逆問題の根底には「パリの論文」と呼ばれるアーベルの大作が横たわり、さらにその背景には、ファニャノとオイラー以来の楕円関数論の大河が流れている。「パリの論文」において、アーベルは完全に一般的なアーベル積分を対象とする加法定理を確立した。ヤコビはその「アーベルの定理」に触発されて、ヤコビの逆問題に導かれたのである。

ヤコビの逆問題はヤコビの短篇「アーベル関数に関する覚書」（一八四六年）の末尾の註記の中にさりげない姿で表明されている。まず楕円関数 $x = \mathrm{sinam}(u)$ を考えると、これは二つのテータ関数の商として表示されるから、「一次方程式 $A + Bx = 0$ を通じて与えられる」（ヤコビ全集、第二巻、八十六頁）という言明が可能である。ここで A と B は複素変数 u の一価関数である。ヤコビはこの点に留意したうえで、超楕円積分

$$\Pi(x) = \int \frac{dx}{\sqrt{f(x)}}, \quad \Pi_1(x) = \int \frac{x\,dx}{\sqrt{f(x)}}$$

（$f(x)$ は五次または六次の多項式）

の考察に移行して、二つの方程式

$$\Pi(x) + \Pi(y) = u, \quad \Pi_1(x) + \Pi_1(y) = v$$

を設定した。そうして楕円関数との類比をたどり、この連立積分方程式を満たす「量xとyは二次方程式

$$A + Bt + Ct^2 = 0$$

の二根であることがわかる。ここでA、B、Cは、二つの変数uとvの実もしくは虚のあらゆる有限値に対してただひとつの有限値を取る、uとvの関数である」（同右）と主張したのである。これがヤコビの逆問題の原型である。

このような状勢のもとで、もうひとつのヤコビの論文「アーベル的超越物の理論が依拠する二個の変化量の四重周期関数について」（一八三五年。「アーベル的超越物」の実体はアーベル積分である）における精密な解析を適用すれば、xとyの基本対称式

$$x + y = -\frac{B}{C}, \quad xy = \frac{A}{C}$$

は同じ四重周期をもつuとvの一価関数であることが判明する。これが今日のいわゆるアーベル関数の概念の起源である。だが、まさしくこの場面において、見逃すことのできない重要な一事が浮上する。それは、ヤコビ自身の念頭にあって、ヤコビがアーベル関数という名で呼んだのは、

xとyの基本対称式ではなくて、xとyそれ自体であるという事実である。両者をあらためて「ヤコビ関数」と呼ぶことにしよう。するとヤコビ関数xとyは二次方程式

$$t^2+\frac{B}{C}t+\frac{A}{C}=0$$

によって定義される関数であり、その存在領域は、アーベル関数$\frac{B}{C}$, $\frac{A}{C}$の共通の存在領域であるアーベル多様体上に拡がる二葉の分岐被覆域である。

ヤコビの逆問題の解決を通じて真に認識されるのはアーベル関数ではなくてヤコビ関数であり、ヤコビはヤコビ関数を対象にして、楕円関数の場合におけるように、等分方程式の理論の建設を試みた。その延長線上に、ぼくらは「一般化された虚数乗法論」ともいうべき理論の広がりを期待することができるであろう。多変数解析関数論は大略このような状勢を踏まえたうえで、リーマンとヴァイエルシュトラスによるヤコビの逆問題の解決の後、まずはじめに基礎理論の建設へと向かったのである。

四　ハルトークスの逆問題

ヴァイエルシュトラスは一八七九年十一月五日の日付をもつボルヒャルト宛書簡において、「r

個の変数の$2r$重周期関数に関する研究」の報告を行っているが、その中に次のような言葉が認められる。

r個の複素変数$u_1, \ldots, u_r$の場から、何かある仕方で$2r$重に拡がる連続体を切り取ると、そのときつねに、その連続体の内部のすべての点において有理関数のように振る舞うが、その境界上のいかなる点においてもそのような挙動は示さないという性質をもつ、$u_1, \ldots, u_r$の一価関数が定められる。

（ヴァイエルシュトラス全集、第二巻、百二十九頁）

これによれば、ヴァイエルシュトラスは誤って「多変数有理型関数の存在領域、すなわち有理型領域は任意である」と主張したことになる。多変数解析関数論はこのまちがった主張をくつがえそうとする試みの中から誕生した。

鮮明な第一着手を明示したのはハルトークスであった。ハルトークスは一九〇六年の論文「多変数関数におけるコーシーの積分公式からの二、三の帰結」において、多変数解析関数の特異点集合に備わっている特殊な形状に着目し、いわゆる「ハルトークスの連続性定理」を発見した。それは、ハルトークスとともに二変数の場合に限定すると、次のように表明される。

二つの複素変数x, yの空間を$\mathbf{C}^2(x, y)$で表わし、xとyの解析関数$f(x, y)$を考えよう。今、

$f(x,y)$ は空間 $C^2(x,y)$ の原点 $O(0,0)$ において特異性を有するとし、しかも、平面 $x=0$ 上の域 $0<|y|\leqq r$ の各点において正則であるとしよう。このとき、あらかじめ任意に与えられた正数 ε に対して、いつでも次のような正数 δ が見つかる。すなわち、$|\xi|\leqq\delta$ となる任意の ξ に対して、平面 $x=\xi$ 上に、いつでも $f(x,y)$ の特異点 (ξ,η)、ここで $|\eta|\leqq\varepsilon$、が少なくともひとつ存在する。

ハルトークスの連続性定理が主張しているのは、「解析関数の特異点集合は孤立点を含みえない」という簡明な事実であり、連続性定理という名もそこに由来するのである。だが、この定理の真実の価値を正しく認識するためには、「孤立点を含みえない」という事実の表現様式の特殊性に着目しなければならない。実際、特異点集合の補集合、すなわち正則領域に視線を移すと、ハルトークスの連続性定理には、正則領域のある種の凸性（一般に、擬凸性という名で呼ばれる）が内包されていることが判明する。岡潔は上記の連続性定理から「関数」という言葉を抜き去り、その後に残される幾何学的形状を忠実に描写して、「正則領域は擬凸状である」という認識に到達した。そうしてそのうえで逆向きの問題を問うて、「擬凸状領域は正則領域であろうか」という問題を設定した。これが、岡理論の中核をなす「ハルトークスの逆問題」である。一複素変数解析関数論におけるリーマンの存在定理の延長線上に位置を占め、解析関数論全体の出発点を与える基本問題である。岡はこの問題の解決に心血を注ぎ、二複素変数の空間 $C^2(x,y)$ における解決（第六論文「擬凸状領域」）を経て、「内分岐点をもたない有限領域」（第九論文）における解決に到達した。クザンの問題も近似の問題もみなことごとくハルトークスの逆問題の解決への途上において、しかるべき役割を果たしたのである。最晩年の岡潔はさらに歩を進め、考察の対象は内分岐点をもつ領域に及んだが、この究明の歩みは難解な第八論文「基本的な補助的命題」が公表された段階で中断した。内分岐領域における関数の存在定理が獲得されなければ、ヤコビ関数論の足場は定まらないのであるから、多変数解析関数論の基礎は今も依然として確立されていないのである。だが、それは岡潔以後を生きるぼくらに課された課題である。ハルトークスの連続性定理から出発する限り、岡の研究は数学的思索というものの及びうる極北を指し示していると言えるのではあるまいか。

五　レビの問題

ハルトークスの逆問題の解決に伴って岡理論は最高潮に達したが、この感銘の深い情景のさなかにあって、ぼくらはきわめて不可解な事態に直面する。なぜなら、ハルトークスの逆問題という言葉を用いているのは、この問題を解決した当の本人の岡潔のみであり、他の諸文献では一貫して「レビの問題」という呼称が採用され、岡はレビの問題を解決した人とされているからである。これは昔、K先生にうかがったことのある話だが、K先生はあるとき岡に、「どうして多変数関数論をやろうと思われたのですか」とお尋ねした。すると岡はただちに、「それはレビの研究があったからだ。それで、これはできると思った」と答えたということである。このような言葉とともに想起されるのは、「この問題は十中八、九解けないだろうが、一、二解けないとはいいきれない節がある」という、すでに引用したことのあるもうひとつの岡の言葉である。この「一、二解けないとはいいきれない節」というのは、おそらくレビの研究が念頭にあっての発言であろうとぼくは思う。

　E・E・レビはハルトークスのバトンを直接受け取った人で、二篇の重要な論文を書いている。まず一九一〇年の論文「二個もしくはそれ以上の個数の複素変数の解析関数の本質的特異点に関する研究」において、レビは解析関数の特異点集合から非本質的特異点を切り離し、その後になお残される本質的特異点集合を対象として、ハルトークスの連続性定理と同じ形の定理を確立した。するとヴァイエルシュトラスのあの誤った主張は、このレビの連続性定理によってはじめてくつがえされたと言えるのであり、レビの意図したところもまた、正しくその点において認識されるのである。

　岡潔ならば、ここを足場として擬凸状概念へと歩を進め、有理型領域の擬凸性を明るみに出したことであろう。しかし先行者のレビはそのような究極の道をいきなり歩んだのではない。今、二つの複素変数 x, y を、実部と虚部を明示して $x = x_1 + ix_2$, $y = y_1 + iy_2$ と表記しよう。$\varphi(x_1, x_2, y_1, y_2)$ は四つの実変数 x_1, x_2, y_1, y_2 の二回連続微分可能関数、すなわち C^2-級関数とし、超曲面 $\{\varphi = 0\}$ を境界とする領域 $\{\varphi < 0\}$ を考えよう。レビはこのような形の領域の補集合 $\{\varphi \geqq 0\}$ に対して連続性定理を適用し、領域 $\{\varphi < 0\}$ が有理型領域でありうるための必要条件として、境界上

の各点において、関数 φ のレビ形式

$$
\begin{aligned}
L(\varphi) = & \left\{\left(\frac{\partial\varphi}{\partial x_1}\right)^2 + \left(\frac{\partial\varphi}{\partial x_2}\right)^2\right\}\left(\frac{\partial^2\varphi}{\partial y_1^2} + \frac{\partial^2\varphi}{\partial y_2^2}\right) \\
& + \left\{\left(\frac{\partial\varphi}{\partial y_1}\right)^2 + \left(\frac{\partial\varphi}{\partial y_2}\right)^2\right\}\left(\frac{\partial^2\varphi}{\partial x_1^2} + \frac{\partial^2\varphi}{\partial x_2^2}\right) \\
& -2\left(\frac{\partial\varphi}{\partial x_1}\frac{\partial\varphi}{\partial y_1} + \frac{\partial\varphi}{\partial x_2}\frac{\partial\varphi}{\partial y_2}\right)\left(\frac{\partial^2\varphi}{\partial x_1\partial y_1} + \frac{\partial^2\varphi}{\partial x_2\partial y_2}\right) \\
& -2\left(\frac{\partial\varphi}{\partial x_1}\frac{\partial\varphi}{\partial y_2} - \frac{\partial\varphi}{\partial x_2}\frac{\partial\varphi}{\partial y_1}\right)\left(\frac{\partial^2\varphi}{\partial x_1\partial y_2} - \frac{\partial^2\varphi}{\partial x_2\partial y_1}\right)
\end{aligned}
$$

が非負であること、すなわち $L(\varphi) \geqq 0$ となることという条件をみいだした。この条件は領域 $\{\varphi < 0\}$ のある種の凸性を表している（「レビの擬凸性」と呼ばれる）。そうしてレビは、「超曲面 $\{\varphi = 0\}$」上の各点においてつねに $L(\varphi) \geqq 0$ となるとするとき、領域 $\{\varphi < 0\}$ は有理型領域であろうか」という逆向きの問いを提示した。これがレビの問題の原型である。

引き続く論文「二複素変数の解析関数の存在領域の境界になりうるような四次元空間の超曲面について」（一九一一年）に移ると、レビはみずからレビの問題を取り上げて、「超曲面 $\{\varphi = 0\}$ 上の各点において $L(\varphi) > 0$」という条件のもとで、この問題を局所的に解決した。すなわち、この場合、

超曲面$\{\varphi=0\}$はその上の各点の近傍において、$\{\varphi<0\}$の側から見て、ある正則関数の自然境界になるのである。このような状況を踏まえて、「レビの条件 $L(\varphi)>0$ は大域的に見てもなお、領域$\{\varphi<0\}$が正則領域であるための十分条件を与えているだろうか」という問題が設定された。これが今日のいわゆるレビの問題であり、ベンケとトゥルレンのテキスト『多複素変数関数の理論』にもこの形で表明されている（一九七〇年の新版では七十八頁）。

　このような実証的考察から明らかになるように、岡は決してレビの問題を即物的に解こうとしたのではない。そうではなくて、岡はレビの基本精神を踏襲し、ハルトークスの連続性定理という共通の泉から、擬凸性の概念をレビよりもいっそう深く汲み取ったのである（その深さは泉の底に達していると思う）。Ｋ先生がぼくに伝えてくれた岡の言葉の意味も、今や明瞭に理解されるように思う。レビは、岡が選択した道が踏破可能であることを暗々裡に示し、岡の心に強い励ましを与えたと考えられるのではあるまいか。

　岡潔は「提示された問題を解いただけの人」ではなく、「解析関数論の基本問題の設定に成功し、そのうえでそれを解決した人」なのである。問題の雄大な解決者である前に、問題の透徹した創造者でもある。それゆえ、岡が解決した問題は、「レビの問題」ではなくて、正しく「ハルトークスの逆問題」と呼ばなければならない。この呼称が広く受け入れられる状勢が現れない限り、岡理論の真実の価値はなお認識されていないと言わなければならないのである。

六　研究様式をめぐる一考察

アンリ・カルタンが主宰して開かれたカルタンセミナーの記録を見ると、一九五一―五二年と一九五三―五四年にはそれぞれ「多複素変数解析関数」「保型関数と解析空間」というテーマが選ばれている。岡理論はこのセミナーを通じて現代数学の諒解範囲に咀嚼吸収され、その中から今日の多変数解析関数論が立ち現れたのである。そこには「岡の定理」もあれば「岡の原理」もある。しかしその姿はもはや関数論というには遠く、しばしば解析幾何学と呼ばれて、代数幾何学と好一対をなしている。カルタンセミナーは岡理論全体の論理的構造のみに関心を寄せ、岡自身の数学的意図に対しては無頓着である。岡はこのような現代数学の趨勢に大きな不満を抱いていたようであり、「解析的連接層（岡の不定域イデアルの理論から生れた概念である）」の原語「フェソー・アナリチク・コエラン」（フランス語）をもじって、「いくら抽象化してもコエラン（岡をこえない）だよ」と語ったなどという逸話が残されている。最晩年には、「今の数学は暗黒時代だ。生れ変わって、まったく新しい数学をやる」という言葉を口にしていたということである。

ぼくは岡のために「現代数学における岡理論の運命」について語るべき責務を感じるが、それは本稿の限界をこえる領域に属する作業である。ここでは幾分別の視点から、岡理論の基本的属性を考察したいと思う。

ぼくは昔、中国文学の吉川幸次郎とドイツ文学の大山定一の往復書簡集を読み、深く心を打たれたことがある。それは筑摩書房のちくま叢書の一冊で、今は手元になく定かには言えないが、日本における外国文学研究の意義をめぐって長い議論がたたかわされていた。大略すれば、吉川の主張は、日本人同士の相互批評は無意味であり、中国の専門家から高い評価を受けるような中国文学研究をめざすべきである、というものであった。それに対し、大山は、日本人のドイツ文学研究は日本の文化のためであるという所見を表明した。ともに説得力のある発言ではあるが、平面的な両立は不可能であることもまた明らかである。ぼくは困惑し、長年にわたって苦しい思索を強いられたが、このアポリアは岡潔その人に教えられてようやく氷解した。

岡は日本の小さな山村で、孤立無援の境涯に身を置いてヨーロッパの数学を研究した。その成果は数学的創造そのものであり、日本文化への寄与であると同時に、ヨーロッパの数学者たちの心を打って、高い評価を誘発せずにはおかない普遍的価値を備えていた。すなわち、ぼくらは岡理論において、吉川・大山論争が昇華された形態を観察することができるのである。個々の数学者ではなくて、数学それ自体を師とせよ。岡の特異な研究様式はそのようにぼくらに教え、日本における数学研究の理想型を明示しているように思われる。

寺田物理学と岡潔の情緒の数学

寺田寅彦の名を認識し、一群のエッセイに親しみ始めたのは、高校に入学してまもない昭和四十年代のはじまりのころであった。すでに四十年余の昔のことで、懐かしい回想の日々のひとこまである。ちょうど学生運動が最後の盛り上がりを見せた時期であり、東京近辺の不穏な社会状勢は田舎《いなか》の高等学校にも遠慮なく押し寄せてきた。そこはかとない関心を誘われて、安定を欠きがちな心理状態に苦しめられる中で受験勉強に打ち込んだが、同時に中勘助の詩的文芸と岡潔の情緒の数学に神秘的な影響を受けたものであった。二つの扉をこもごもくぐって未見の領域に参入すると、寺田寅彦の世界がそこに等しく開かれていた。寅彦は中勘助と岡潔のどちらにも縁の深い人なのであった。

大正元年夏、中勘助は信州野尻湖畔に一夏をすごし、『銀の匙』の前半を執筆して夏目漱石のもとに郵送した。秋十月、帰郷した中勘助が友人の野上豊一郎と連れ立って早稲田南町の漱石山房を訪問すると、漱石は先客を書斎に待たせて『銀の匙』の原稿を読んでいた。読了後、みなで客間に集い、その席で漱石が「ありゃいいよ」と簡単明瞭に賞讃した。このときの先客というのが寅彦なのであった。それから寅彦の提案を受けて、銀座の読売新聞社で開催中の第一回目のフュウザン会に出かけることになった。洋服を着た漱石と寅彦は並んで先を歩き、和服姿の中と野上はいくぶん離れがちについていったという。

これは中勘助のエッセイ「夏目先生と私」に紹介されているエピソードである。寅彦のエッセイと『銀の匙』が重なり合い、懐かしい情趣に包まれて寅彦に寄せる関心は高まるばかりだったが、いよいよ真剣に読みふけるようになったのは岡潔のエッセイに影響を受けたためであった。

寅彦を語る岡潔の言葉は多い。昭和十年の夏、岡潔は中谷宇吉郎の招きに応じて一家をあげて札幌に移り、夏休みをすごしたが、ここで「上空移行の原理」といわれる大きな発見を経験した。深遠な喜びに襲われた岡潔は、「アルキメデスの原理」を発見したときのアルキメデスの心情を回想するとともに、これを「発見の鋭い喜び」という印象の深い言葉で言い表した。第一エッセイ集『春宵十話』の第六話「発見の鋭い喜び」から引くと、「この喜びがどんなものかと問われれば、チョウを採集しようと思って出かけ、みごとなやつが木にとまっているのを見たときの気持だと答えたい」と昆虫採集に例を求めて説明し、「実はこの〝発見の鋭い喜び〟ということばも、昆虫採集について書かれた寺田寅彦先生の文章から借りたものなのである」と寅彦のエッセイに言及した。大阪の箕面の谷間に蝶を追って一日をすごした冒険譚もあり、「私の情操をつちかってくれたものの一つに昆虫採集がある」（『春宵十話』所収「義務教育私語」）と書き留めたほどの熱中ぶりであった。

寅彦のエッセイ『花物語』の第七話「常山の花」を見ると、破れた蚊帳で母に作ってもらった捕虫網を手に、土用の日盛りにも恐れずに、毎日のように「虫捕り」に熱中する小学生の寅彦の姿が描かれている。よほどおもしろかったとみえて、寅彦は「年を経て面白い事にも出会うたが、あの頃珍しい虫を見付けて捕えた時のような鋭い喜びは稀である」と回想した。これが岡潔のいう「発見の鋭い喜び」の由来である。二人は少年の日の思い出を共有していたのである。

岡潔に寅彦を紹介したのは「雪の博士」こと中谷宇吉郎であった。昭和四年夏、岡潔は洋行先のパリの日本館で宇吉郎と出会い、たちまち親友になった。『春宵十話』の第五話「フランス留学と親友」を見ると、「パリではこの間なくなった中谷宇吉郎さんと知り合い、中谷さんの筋向かいの部屋に陣取って、二週間ほど毎晩、中谷さんから寺田寅彦先生の実験物理の話を聞いたが、これが後々私の数学研究に大きな影響を与えたと思う」と友情のはじまりのころの情景が描かれている。

宇吉郎に聞いた寺田物理学の四方山話のうち、岡潔は際立った事例をひとつ挙げて、それを「寺田式箱庭実験法」と命名した。海軍省からの依頼を受けて、津軽海峡の潮流の状況を調べることになったときのことである。寅彦は構想を大きく描き、精密な観測データに基づいて精度の高い津軽海峡の模型を作り、適当な位置に水の入口と出口をつけ、それから適量の水道の水を出入させた。そうして水の表面におがくずを浮かべると、ただそれだけで海峡の潮流のありさまは一目瞭然になったというのである。

箱庭作りは昆虫採集とともに少年の日の岡潔の心を奪った遊びであった。父祖の地の紀州の山村で箱庭作りに熱中し、おもしろい枝ぶりの木を見れば箱庭のどこに植えるべきかと思案したというほどである。宇吉郎に聞く寺田物理学の話は遠い日の回想を誘い、新たな数学研究の姿形を心のカンバスに描いていくうえでさながら触媒のような作用をもたらしたのであろう。

岡潔に連句のおもしろさを教えたのも寅彦であった。昭和十一年十一月、心身の調子をくずした岡潔はひとり伊豆伊東温泉に移り、おりから静養中の宇吉郎の家族と合流し、連句に興じて秋の日々を暮したことがある。連句を試みたのははじめてだったが、寅彦の連句理論を基礎にしたため西洋音楽も同時に勉強することになった。次に引くのは岡潔のエッセイ「音楽のこと」に出ている回想である。

音楽を聞き始めたのは実は連句を作ってみようと思いたったときで、寺田寅彦先生が西洋音楽になぞらえて連句を説明しているのを読み、西洋音楽がわからなければ連句もわからないと思ったわけである。それで伊東の中谷宇吉郎さんの家でレコードを聞くのから始めたが、好都合なことに中谷さんも音楽のことを知らず、奥さん（註：中谷静子さん）の解説入りでこれがアダージオだな、これがスケルツォだなとうなずき合いながら耳を傾けたものだ。

（『春宵十話』所収「音楽のこと」）

岡潔たちは、寅彦のエッセイ「連句雑俎」の中の「連句と音楽」「連句と合奏」などに刺激されたのであろう。宇吉郎の妹の芳子さんがもってきたコロンビアのポータブル・プレーヤーでベートーベンのバイオリンソナタ「スプリング・ソナタ」を聴き、静子さんの手ほどきを受けてアレグロ、アダージョ、スケルツォ、ロンドという音楽の言葉を勉強した。

宇吉郎が小宮豊隆に手紙を書き、連句作法をおもしろおかしく問い合わせたところ、長文の返信があった。小宮は寅彦に誘われて松根東洋城《まつねとうようじょう》も加えて三人で連句を巻いた経験があるが、あまり熱心ではなかったとみえて、あるとき寅彦から「君のような不誠実な人間はもう破門する」と言いわたされて閉口したことがある。その小宮が、前年の暮れ病没した寅彦に代わって宇吉郎のお尋ねに懇切に応じ、歌仙というものの様式を解説し、連句実行上の心得を伝授した。宇吉郎は去来をもじって虚雷、岡潔は海牛というおもしろい俳号を定めて連句を続け、「伊豆伊東温泉即興」という歌仙を巻くことに成功した。清書して小宮豊隆のもとに届けると、小宮も喜んで詳細な講評を寄せ、「全体の感じからいうと、初めてなさった仕事として、あれだけともかく纏まりあがっているのだから、えらいと思います」と賞賛した。それから付け方については、芭蕉よりも寅彦のものをよく読んで、あのふわりとした付け味を味わうと啓発されるところがたくさんあると思うと言い添えた。

寅彦と岡潔は人生の根幹に触れるところでも彩りを共有したように思う。『春宵十話』の第一話「人の情緒と教育」を見ると、「人の心」を語る岡潔に出会う。岡潔は「いま、たくましさはわかっても、人の心のかなしみがわかる青年がどれだけあるだろうか」と問い掛けて、「人の心を知らなければ、物事をやる場合、緻密さがなく粗雑になる。粗雑というのは対象をちっとも見ないで観念的にものをいっているだけということ、つまり対象への細かい心くばりがないということだから、緻密さが欠けるのはいっさいのものが欠けることにほかならない」と説明した。そうして長岡半太郎が寅彦の緻密さについて触れていたことに言及し、「文学の世界でも、寺田先生の「藪柑子《やぶこうじ》集」特にその中の「団栗」ほどの緻密な文章はもういまではほとんど見られないのではなかろうか」と寅彦のエッセイ「団栗」の名を挙げた。小石川の植物園で「団栗を拾って喜んだ妻も今はない」と寅彦は書いている。岡潔はこんなところに「人の心のかなしみ」の顕れを感知して、寅彦の心情に通うものを感じたのであろう。

こうして概観すると共通点ばかりが目につくが、岡潔が賛意を表明しなかった寅彦の所見がひとつだけある。それは数学と語学に関することで、『春宵十話』の第十話「自然に従う」を読むと、「数学は語学に似たものだと思っている人がある」という指摘が目に留まる。その直後に寅彦の名を明記して、「寺田寅彦先生も数学は語学だといっているが、そんなものなら数学ではない。おそらくだれも寺田先生に数学を教えなかったのではないか」と続くのであるから、過激にすぎるほどの手厳しい批判である。岡潔はおそらく寅彦の論攷「科学と文学」を読んだのであろう。寅彦は「言葉としての科学が文学とちがう一つの重要な差別は、普通日常の国語とはちがった、精密科学の国に特有の国語を使うことである」と前置きを置いて、「その国語はすなわち「数学」の言葉である」と明言した。そのうえでなお言葉を継いで、「数学の世界の色々な「概念」はすべて一種の言葉である。ただ日常の言葉と違って一粒選りに選まれた、そうして極めて明確に定義された内容を有《も》っている言葉である」と敷衍した。

数学を科学の言葉と見る所見だが、特に変わった考えではなく、岡潔は別にして数学者、科学者はみな寅彦に同意するのではないかと思う。岡潔自身は「情緒の数学」というべき特異な数学観の持ち主であり、その本領は『春宵十話』の「はしがき」に、「数学とはどういうものかというと、自らの情緒を外に表現することによって作り出す学問芸術の一つであって、知性の文字板に、欧米人が数学と呼んでいる形式に表現するものである」と端的に表明されている。岡潔の批判の目は、寅彦の目に映じる数学が「情緒の数学」ではないところに向けられたのである。

同じ「自然に従う」には数学と物理の相違を語る言葉もある。岡潔は「数学と物理は似ていると思っている人があるが、とんでもない話だ」と通説を言下に否定し、数学者を百姓にたとえ、これに比べると「理論物理学者はむしろ指物師に似ている」とおもしろい比喩を持ち出した。その理由はといえば、「人の作った材料を組み立てるのが仕事で、そのオリジナリティーは加工にある」からというのである。だが、この見方は寅彦にはあてはまらないのではあるまいか。寅彦は指物師ではなく、寺田物理学の実体は実は「情緒の物理学」なのではないか。寅彦の人生と学問を回想すると、こんな夢のような想念にいつも誘われる。「情緒の数学」と「情緒の物理学」の作る双幅を見ることのできる日の訪れを、年々歳々楽しみに待ちたいと思う。

紀見村の光景。平成 24 年著者撮影

あとがき

紀見峠を越えて

本年（平成二十六年）は岡潔がこの世を離れて三十六年、生誕年から数えると百十三年目である。どちらの数字を見ても歳月の隔たりが感じられるが、岡が生きた時代を回想するといつも懐かしい。岡の父祖の地の紀見峠にはじめて足を運び、それから峠を越えて、かつて紀見村と呼ばれた地区を散策したのは、岡の没後三年目の昭和五十六年四月五日のことである。その日を念頭に置いて、「紀見峠を越えて」の冒頭に、紀見峠を越えた日を「数年前のある春の日」と書いたのである。

はじめての紀見峠越えのとき、ぼくは三十歳であった。高校に入学した年の秋十月に岡の自伝風のエッセイ『春の草』を手にしたときから十五年の歳月が流れていたが、その間の同時代の大半を、岡の存在を絶えず気に掛けながらすごしたのである。岡の生前にただ一度だけ、会ったとも会わなかったとも言い難い不思議な出会いを経験したが、もう一度、と願いながら日々がすぎていく中で昭和五十三年三月一日に訃報に接した。再会できなかったという思いに襲われたが、そのときの無念が具体的な形を纏い、三年後の紀見峠越えになって発現したのであろうと今は思う。

作品「紀見峠を越えて」の書誌的情報を書き留めておきたいと思う。「紀見峠を越えて」は文芸誌の「カンナ」(鹿児島市勘奈庵発行)と日本評論社の数学誌「数学セミナー」という、性格を異にする二つの定期刊行誌に二回にわたって掲載された。初出は「カンナ」で、「カンナ」は鹿児島市在住の渡邊外喜三郎先生が主宰する同人誌である。渡邊先生は中勘助先生の文学の研究者で、岩波書店から刊行された二度目の『中勘助全集』(最初の全集は中先生の生前に角川書店から出版された)の編纂に携わった方だが、ぼくは中先生のご縁を通じて知り合い、「カンナ」の同人に加えていただいたのである。

「紀見峠を越えて」が掲載された「カンナ」と各号の発行年月日は下記の通りである。

第一回　第一一三号(昭和六十一年二月十日発行)
第二回　第一一四号(昭和六十一年五月二十日発行)
第三回　第一一五号(昭和六十一年九月三十日発行)
第四回　第一一七号(昭和六十二年五月三十日発行)
第五回　第一一八号(昭和六十二年九月三十日発行)
第六回　第一一九号(昭和六十三年二月十日発行)
第七回　第一二〇号(昭和六十三年七月三日発行)

第八回　第一二一号（昭和六十三年十月三十日発行）
第九回　第一二二号（平成元年二月二十八日発行）

途中に一回の休載をはさみつつ、三年間にわたって九回の連載の後に完結した。第一回目が掲載された「カンナ」第一一三号は昭和六十一年の年初の二月十日に発行されているが、ここから推すと、原稿を執筆して発行元の鹿児島市の勘奈庵に送付したのは、前年、すなわち昭和六十年の暮れあたりだったように思う。紀見峠を越えた日から数えると、すでに四年九箇月ほどの歳月がすぎているが、そのころになってようやく紀見峠越えの日の回想を書き留めておきたという心情に誘われたのである。

最終回が掲載された「カンナ」第一二二号が発行された平成元年は一九八九年だが、完結してまもないころ、「数学セミナー」の二代目の編集長だった亀井哲治郎さんの発案で「数学セミナー」に転載してはどうかという話が持ち上がった。この時期の「数学セミナー」の編集長は三代目の横山伸さんで、横山さんも快くこれを受け、平成二年、すなわち一九九〇年の夏から転載が開始された。転載ではあるが完全な写しというわけではなく、多少の手を加えたため、改訂稿のような形になった。

「数学セミナー」は数学誌であるから数式の入った記事が多く、そのため横書きに組まれているが、「紀見峠を越えて」は縦書きに組んで末尾に配置し、後ろから読み進めるという体裁になった。

「紀見峠を越えて」が掲載された「数学セミナー」は下記の通りである。

第一回　紀見峠を越えて　平成二年七月号
第二回　紀見峠を越えて　平成二年八月号
第三回　紀見峠を越えて　平成二年九月号
第四回　紀見峠を越えて　平成二年十月号
第五回　紀見峠を越えて　平成二年十一月号
第六回　紀見峠を越えて　平成二年十二月号
第七回　紀見峠を越えて　平成三年一月号
第八回　紀見峠を越えて　平成三年二月号
第九回　紀見峠を越えて（最終回）　平成三年三月号

第一回の冒頭に書かれているように、紀見峠を越えた日の前日（昭和五十六年四月四日）、天見温泉で一泊したが、宿泊先は南天苑という旅館である。予約をしたわけではなく、唐突に南海高野線に乗り、紀見峠駅のひとつ前の天見駅で降りただけのことであるから、一軒の旅館があったのがうれしかった。

本文の第一回の冒頭に、紀見峠越えの間合いをはかろうとして、登り口のあたりで喫茶店「いっぷく」に入ったという描写があるが、この部分はフィクションで、登り口と降り口が入れ替わっている。天見方面から見て、紀見峠の登り口には喫茶店はないが、降り口には紀伊見荘という国民宿舎（紀伊見荘は現在も存在するが、国民宿舎ではなく、民間の経営に移っている）と「サフラン」という喫茶店があり、サフランの窓辺に座ると眼下には根古川が流れている。ぼくは実際には峠を越えてサフランでいっぷくしたのだが、峠越えの回想の際の心情において、サフランが「いっぷく」と名を変えて登り口に移動したのである。「いっぷく」というのは東京の神田の古本屋街にある喫茶店の名前である。

単行本の形で刊行されることになったのを機会に読み返し、再度の改訂を試みて本文を確定した。また、各回ごとに題をつけ、本文にも小見出しを割り当てた。この点がもっとも大きな改訂部分である。最終回には「楽興の時」という題をつけたが、これは当時親しんでいたシューベルトのピアノ曲集のタイトルを借用したのである。

「数学セミナー」の連載の最終回の末尾に「『紀見峠を越えて』の終りに」という題の「あとがき」を書いた。それをここに再掲しておきたいと思う。

「紀見峠を越えて」の終りに

「紀見峠を越えて」は魂をもって書いた作品である。高校一年の秋以来、二十年有余という時の流れの中で、岡潔の人生と数学は一貫して巨大な問題であり続けていた。問いの真実相は、解答を試みようとするぼくの心に終始反響し、問う者の成長を絶えずうながしてやまないという不可思議な反作用力を備えていた。岡を読み解くために、蕉門の俳諧、道元の『正法眼蔵』と、多岐にわたる諸領域を渉猟しなければならなかった。その意味において、岡はぼくの先生である。ひとりひそかにいつも深い学恩を感じている。

岡の多面的世界は錯綜として神秘的だが、いのちのある有機体は決して分かちえないものである以上、どこかに必ず究極の生成芽が隠されているにちがいない。ぼくはそれを探し求めて、あてどない彷徨を強いられたのであった。

岡を知ることはそれ自体がひとつの発見であり、その様相は第八回の末尾に記した通りである。フランス留学を終えて紀見峠の父母のもとに帰ろうとして、日本の木の葉のにおいに強く鼻を打たれてはじめて「日本へ帰ってきたと思った」という岡潔。それが岡の本源の姿であり、同時に岡の数学の香り高いロマンチシズムの源泉である。

紀見峠越えはひとまず終ったが、岡は依然として問題であり続けている。岡はどこかで「解析学の大道」の行く手をはばむ山脈に言及して、「この山脈の向こうはどのような土地かはわからない。しかしこの山脈を越えなければ大道はここにきわまる」と語ったことがある。その山脈のかなたの未開の土地こそ、岡の約束の土地である。いつの日かそこに達しえたとき、ぼくらははじめて、真に紀見峠を越えたと言えるのではあるまいか。

二十三年後の現在ではもう書くことのできない昔日の文章だが、昔も今も心情は変わらない。岡潔の没後、数学の姿は大きく変容し、著しい進歩もあった。だが、「解析学の大道」の行く手をはばむ山脈の姿はそのままであり、岡の約束の土地を見た者は現れない。「真の紀見峠」は依然として未踏の山脈であり続けている。

「紀見峠を越えて」を書き進めながら岡潔の学問と人生をめぐってあれこれと考察をめぐらしたが、その際の思索の糧《かて》は岡の一群のエッセイと数学の論文集である。岡は自分を語ることにおいて饒舌であり、岡の言葉をそのまま拾えば生涯が点描されてしまうほどである。ところが岡のエッセイを読み重ねていくにつれて、素朴な疑問もまた増えていった。最大の謎は広島文理科大学を辞めて帰郷したという一事だが、岡のエッセイの記述に基づいて年譜の作成を試みるとつじつまの合わない事実が続出するのである。岡の数学研究は岡の生涯そのものであり、数学と人生を切り離して岡を考えることはできないことを痛感したのが、「紀見峠を越えて」の執筆を通じて得られた最大の感慨であった。

岡の生涯を綿密にたどるにはフィールドワークが不可欠である。ひとたび取り組み始めたなら、いつ果てるともしれない事態に陥るであろうと思われて、なかなか踏み出すことができず、よい機会をうかがいながらまたしても数年が経過した。「数学セミナー」の連載の最終回が掲載されたのは平成三年三月号。それから五年後の平成八年二月はじめ、ぼくは紀見峠を再訪した。これがフィールドワークの第一歩である。容易に完結しないであろうという当初の危惧ははたして的中し、優に八年をこえる探索の日々が打ち続いたが、平成十五年夏七月、ようやく評伝の第一作『評伝岡潔　星の章』（海鳴社）の刊行にこぎつけた。翌平成十六年四月には同じ海鳴社から続篇『評伝岡潔　花の章』を出版することができた。それからまた九年がすぎて、平成二十五年五月、『岡潔とその時代　評伝岡潔　虹の章』（みみずく舎）が刊行され、これで三部作が出揃うことになった。

岡潔の人生と学問についてはなお語るべきことが残されているが、三部作が揃ったところでいわば出発点に立ち返り、「紀見峠を越えて」の出版が実現する見通しになった。この機縁に際会したことを喜びたいと思う。

鳥道は東西を絶す

岡潔をめぐって書き綴ってきたエッセイや数学史論の中から、「紀見峠を越えて」に関連のありそうなものを選んで配列し、第二部を編成した。岡の数学研究の姿を精密に観察したいと願い、第一論文から第九論文にいたる九篇、もしくは第十論文もふくめて十篇の論文の成立過程を正確に知りたいと望んでいたが、後年のフィールドワークを通じて岡の研究ノートのすべてを閲覧するまでは、この望みはかなえられなかった。

第二部に収録したエッセイと論説はフィールドワーク以前の考察に基づいて綴られたもので、公表された岡の諸論文だけが思索の手掛かりであった。岡の数学論文集は小さな冊子ではあるが、中味は実に重く、ガウスに始まるドイツ数学史の山脈の全容に優に匹敵する。以下、収録作品の各々について、多少のことを書き添えておきたいと思う。

鳥道は東西を絶す

「鳥道は東西を絶す」は「数学セミナー」の昭和六十三年四月号の「coffee break」の欄に掲載された。四十八頁から四十九頁まで、二頁の短篇である。ドイツ数学史ということをしきりに考えていたころであり、西谷先生のお話は感慨が深く、言葉のひとつひとつが胸の奥深くにしみ込むような思いがあった。

後日、もう一度、西谷先生にお目にかかる機会があった。先生のお住まいは京都大学に近い吉田山のふもとあたりにあり、京大で数学の学会があったおりに立ち寄ったのである。約束のない訪問だったが、幸いに先生は御在宅で、四方山のお話に短い時をすごすことができた。恒例の散歩に出るという先生とともに吉田神社の境内を歩き、境内の路が途切れたあたりでお別れした。親切なよい先生で、何よりも「考える」ということを教えていただいた。わずかな出会いではあったが、今も深く学恩を感じている。

岡潔の晩年の夢　内分岐域の世界

「岡潔の晩年の夢　内分岐域の世界」は、倉田令二朗先生の推薦を得て、「数学セミナー」に最初に掲載したエッセイである。掲載誌は昭和五十五年十月号で、二頁から六頁まで、巻頭の五頁を占めた。この時期の「数学セミナー」の編集長は亀井哲治郎さんであった。

本稿は三十四年前のエッセイである。岡潔の人生と学問を語る人は少ないと記したが、その後の見聞によると、岡に影響を受けて数学に進んだという人は非常に多く、個人的に話をして話題が岡に及び、意外に思ったことも再々であった。実際に深い影響を受けたとしても、その影響のありさまを広く語りにくい雰囲気があったのである。近年、この空気は大幅に緩和されつつあるようで、いろいろな人が岡を語るようになった。岡のエッセイ集は長らく絶版状態が続き、手に入り難かったが、復刊も相次ぐようになった。時が流れ、岡の発言に耳を傾ける人々が新たに現れてきたのであろう。

本文中に「岡の高弟の某氏」（百七十七頁）が登場するが、この「某氏」は河合良一郎先生である。河合先生は岡の京大時代の数学の師匠である河合十太郎を祖父にもつ方で、今もお元気である。

文章を綴る際に一人称をどう表記するかということは昔も今も悩みの深い問題である。次第に「ぼく」に収斂していったが、本稿では「私」となっている。読み返して「ぼく」に直したいという心情に駆られたが、あまり手を加えるのはよくないと思い、断念した。また、ヨーロッパの数学者たちの表記をどうするかということも確定がむずかしく、絶えず迷いがつきまとう。読み方に揺れがあり、片仮名による表記にも議論の余地がある。原語をそのまま再現するのは読み方を読者にゆだねるという考え方で、本稿はこれを採用したが、あまりよくないと、ある時期から思うようになった。そこでこのたび単行本に収録されることになったのを機に、すべて片仮名に置き換えた。ワイエルシュトラス、ワイヤーシュトラース、ヴァイエルシュトラス、バイエルシュトラス、ヴァイエルシュトラース等々、あるいはまたレビとレヴィ、ハルトークスとハルトッグスなど、迷いは深まりこそすれ消えることはないが、読んだ書物や使用した際の感触を通じてもっとも親しみを感じる表記にしたがうことにした。

多変数関数論の根底には「多変数解析関数の存在領域とは何か」という基本問題が横たわっているが、その解決をめざしてノートを書き続けたのが、晩年にいたるまでの岡潔の日々であった。不定域イデアルの理論がそこから生まれ（第七論文「二、三のアリトメチカ的概念について」）、内分岐領域において「上空移行の原理」もまた確立され（第八論文「基本的な補助的命題」）、この新理論を内分岐点をもたない有限領域に適用するとハルトークスの逆問題がやすやすと解決された（第九論文「内分岐点をもたない有限領域」）。だが、第八論文の「基本的な補助的命題」を梃子にして主問題を解決すること、すなわち内分岐領域においてハルトークスの逆問題を解くという終着点に到達することはできなかった。岡の連作は未完結だったのである。岡の数学論文集を直接読まなければわかりえないことで、この事実を目の当たりにしたときは筆舌に尽くし難いほどの感動に襲われたものであった。

数学者の偉大さは完結よりもむしろ未完結の相において真に現れるのではないかと思う。未完結の相の背景に広がるのは「数学を創造する心」である。創造を憧憬する心の働きはどこまで歩を進めてもやむことはなく、まさしくそれゆえにつねに未完成の状態を強いられるのである。フェルマ、ライプニッツ、ベルヌーイ兄弟（兄のヤコブと弟のヨハン）、オイラー、ガウス、アーベル、リーマン等々、西欧近代の数学の始祖たちの作品から受ける強い印象は岡の論文集にそのまま通じ、同じ「創造を憧憬する心」のエーテルに包まれている。数学という不思議な学問の実体はそのあたりの消息の裡に秘められているのではないかと思う。

「岡潔の晩年の夢」に書いたことは三十四年前の考えだが、今も大きく変わるところはない。再考を重ねて現在の考えを書きたいと思い、機会を模索しているが、ここではかつて考えていたことを温存することにした。

ドイツ数学史の構想

「ドイツ数学史の構想」は上下二回に分けて「数学セミナー」に掲載された。「上」は平成元年一月号の四十五頁から五十頁まで、「下」は同年二月号の六十二頁から六十六頁までで、通算すると十一頁になる。昭和六十三年の春の日本数学会年会は立教大学を会場にして開催されたが、会期中の三月三十一日に会場の一室で現代数学史研究会の講演会が行われた。現代数学史研究会は杉浦光夫先生が主宰する会で、学会と直接関係があるわけではないが、学会のたびに開催されて回を重ねていた。この日、ぼくは「ドイツ数学史の構想」という題目を立てて講演した。

ガウスに始まるドイツ数学史ということを考えるようになったのは岡潔の論文集の影響を受けたためで、岡の創造した多変数関数論の源泉を見たいと思ったのである。十九世紀がはじまろうとするころから二十世紀の初期にかけて、ガウス、アーベル、ヤコビ、リーマン、クロネッカー、クンマー、ヒルベルトと続くドイツの数学者たち（アーベルはドイツ人ではないが、ガウスの継承者として真っ先に指を屈しなければならない人である）の数学的営みは、岡が多変数関数論の領域で長い時間をかけて遂行したこととそっくりである。ドイツ数学史の類例を探索すると、もっともよく似ているのは、和算、すなわち日本の江戸期に展開し、明治初期まで継続した数学の歴史であろう。最近はそんなふうに考えるようになったが、この論点についてはいつか稿をあらためて詳述したいと思う。

本稿の冒頭に「六年前の秋のある日」とあるが、六年前というのは昭和五十七年のことで、整数論の勉強を志して、この年の春先からエーリッヒ・ヘッケの著作『代数的数論講義』を読み始めた。同時にラテン語の勉強にも取り掛かったが、それはガウスの著作『アリトメチカ研究』を読むための準備であった。いよいよ『アリトメチカ研究』を読み始めたのは秋口からだが、序文を一読するや否や、数論への関心のはじまりを回想するガウスの言葉に強く心を惹かれた。ガウスは一七九五年の年初に「あるすばらしいアリトメチカの真理」をたまたま発見し、それを糸口として絹を引くと、ガウスの数論的世界の全容がおのずと紡ぎ出されたというのである。真にめざましい数語であり、それならドイツ数学史ということもまた考えられるのではないかと思いあたり、うれしかった。一七九五年の年初のガウスは満十七歳であり、ガウスが遭遇したアリトメチカの一真理というのは、今日の数論でいう平方剰余相互法則の第一補充法則と同じものである。

本稿に書き綴ったことを多少とも拡大し、少し後に『ガウスの遺産と継承者たち　ドイツ数学史の構想』（海鳴社、平成二年）という小さな本を刊行した。

ガウスの著作に『アリトメチカの探究』という訳語を附与して言及したが、原書はラテン語で書かれていて、書名は“Disquisitiones Arithmeticae”である。平成七年に朝倉書店から翻訳書を刊行した際の訳書名は『ガウス整数論』である。その後、多少考えが変わり、現在では『アリトメチカ研究』という訳語を用いるようになったが、本稿では「数学セミナー」に掲載された当時の訳語を温存することにした。

岡潔とドイツ数学史

「数学セミナー」の昭和六十二年三月号で「数学史がおもしろい」という特集が組まれたとき、「岡潔とドイツ数学史」というエッセイを寄稿した。同誌の二十三頁から二十六頁にかけて四頁の短篇である。岡の多変数関数論とクロネッカーの青春の夢はヒルベルトの第十二問題を通じて連結しているのではないかと考えていたため、ドイツ数学史の構想の中でクロネッカーは特別に重い位置を占める数学者であった。実際に読もうとするとクロネッカーは実に難解で、読みにかかる前から「読んでもわからないだろう」という思いにとらわれたものであった。この印象は今も変わらない。クロネッカーの世界の解明は近代数学史研究に課された大きな課題であり続けている。

本稿においてアーベルとヤコビの楕円関数論とアーベル関数論の発生の泉はガウスの数論的世界であると書いたが、現在の時点から振り返ると、この点は補足もしくは訂正を要するところである。

ガウスの数論がアーベルの楕円関数論の泉であることはまちがいないが、もうひとつ、オイラーの楕円関数論もまたアーベルの楕円関数論の泉である。源泉は二つあったのである。ヤコビの楕円関数論の泉もまたオイラーである。アーベル関数論の方面では、アーベルのアーベル関数論の泉はオイラーの楕円関数論であり、そのアーベルのアーベル関数論が大きく展開してヤコビのアーベル関数論が形成された。このあたりの消息を正確に識別するのはむずかしく、楕円関数論とアーベル関数論との関連なども、はっきりと諒解できるようになるまでに相当の日時を要したのである。

近代数学史における岡理論　理論形成への道と研究様式をめぐって

「数学セミナー」の平成八年三月号で特集「岡潔」を組むことになり、「近代数学史における岡理論　理論形成への道と研究様式をめぐって」を寄稿した。同誌十六頁から二十一頁まで、六頁のエッセイである。この時期の「数学セミナー」の編集長は四代目の佐藤大器さんであった。

多変数関数論の形成過程を考えていくうえで、当初から疑問に思っていたのは、「レビの問題」と「ハルトークスの逆問題」との関連であった。内分岐しない有限領域という限定のもとで、岡はレビの問題の解決に成功したという評言が定着していたが、当の本人の岡自身はレビの問題という言葉を使用したことはなく、つねにハルトークスの逆問題と呼んでいた。この情景がいかにも奇妙に映じ、どうしてなのだろうという不審感にとらわれて、絶えず気に掛かっていたのである。この気掛かりを解消したいという思いもまた数学史研究の動機になった。

長い時間を要したが、岡が解決した問題は、岡の言葉の通り、ハルトークスの逆問題と呼ぶのが正しいと確信するようになった。レビに由来するレビの問題というのはもちろん存在し、岡の数学的思索に大きな影響を及ぼしたこともまたまちがいのない事実である。だが、ハルトークスの逆問題はレビの問題よりもはるかに深い場所にひそんでいる。岡はレビの問題そのものを解いたのではなく、その奥底にひそむハルトークスの逆問題の造型に成功し、解決したが、西欧の数学者たちの目にはレビの問題の解決のように見えたのであろう。

多変数関数論の源泉を見たいという思いは、ドイツ数学史の構想を抱いた当初から念頭にあり、いつまでも離れなかった。源泉の所在地はアーベルとヤコビのアーベル関数論、わけてもヤコビが提示した「ヤコビの逆問題」のあたりであろうと見当をつけて探索を続けたが、難路が続き、正しく的を射るまでには実に多大な日時を要したのである。「ヤコビ関数」に目が留まるようになってようやく曙光が見え始めたが、本稿の時点ではなお一里塚に留まっている。稿をあらためて詳述するとともに、そのうえでなお歩を進め、ヴァイエルシュトラスとリーマンのアーベル関数論の解明をめざさなければならないであろう。

末尾のあたりで大山定一と吉川幸次郎の往復書簡集に言及したが、それは昭和二十一年に秋田屋から刊行された『洛中書問』という書物である。初出は新村出が主宰した「学海」という雑誌で、吉川が三通、大山が四通、都合七通の書簡の掲載が終ったのは昭和十九年末のことであった。終戦の翌年の昭和二十一年、「学海」の版元であった秋田屋から刊行され、昭和四十九年、二人の論文を併録したうえで筑摩書房のちくま叢書の一冊に入った。「洛中書問」と名づけたのは吉川で、吉川によれば、「書問」とは「何くれとない手紙を意味するところの、やや気どった漢語」であるという。ぼくはちくま叢書版の書簡集を入手したが、岡の論文集とカルタンセミナーの関連を考えていたころだったので琴線に触れるところがあった。この書簡集に励まされて、ハルトークスの逆問題という岡による呼称を退けてレビの問題と呼ぶのはやはり不適切と確信し、大いに意を強くしたものであった。もとより大山の所見に共鳴したのである。

寺田物理学と岡潔の情緒の数学

「寺田物理学と岡潔の情緒の数学」は第二次『寺田寅彦全集』第四巻（岩波書店、平成二十一年十二月）の月報に掲載されたエッセイである。平成二十一年といえば、岡潔の評伝のためのフィールドワークもすでに大きく進捗し、岡潔の二冊の評伝『星の章』と『花の章』を刊行して数年がすぎていた。岡はパリで知り合った親友の中谷宇吉郎の紹介を得て寺田寅彦の人と学問を知った。

昭和十一年秋、岡は伊豆伊東温泉に逗留中の中谷を訪ね、寅彦の連句理論を師範にして二人で歌仙を巻いた。おおまかな経緯は岡のエッセイを通じて早くから承知していたが、広島文理科大学に奉職中の岡がなぜ長期にわたって伊東温泉に滞在できたのであろうと思い、不可解な感じにつきまとわれたものであった。「紀見峠を越えて」が「数学セミナー」に連載されて完結し、それからしばらくして岡の評伝を書く決意を固めてフィールドワークに取り組み始めたが、次第に諸事情が明らかになった。北大教授の中谷が一家をあげて札幌から伊東に移った事情、その中谷のもとに岡が逗留した事情が判明し、歌仙のタイトルが「伊豆伊東温泉即興」であることや、完成後、小宮豊隆に批評を求めたところ、小宮から懇切な批評が送付されてきたことなども明らかになり、二冊の評伝に詳述することができた。

岡はしばしば「発見の鋭い喜び」ということを語り、この言葉は寅彦に借りたのだと附言したが、出所と見られる寅彦のエッセイも判明した。

二冊の評伝『星の章』『花の章』に続いて、平成二十年に岩波新書の一冊として『岡潔　数学の詩人』を出し、昨年、すなわち平成二十五年には『岡潔とその時代　評伝岡潔　虹の章』(みみずく舎)の出版にこぎつけた。二巻本で、巻一には「正法眼蔵」、巻二には「龍神温泉の旅」という副題を書き添えた。内容は岡潔の晩年の交友録である。これで「星」「花」「虹」の三部作と一冊の新書が揃い、岡潔の生涯を相当に緻密に回想することができるようになった。これを踏まえ、今後は岡の遺産の考察が課題になると思う。手掛かりは八度にわたって改稿が重ねられた遺稿「春雨の曲」と、長い年月にわたって書き継がれ、大量に遺された数学研究の記録である。日付の記入された研究ノートの中には、「リーマンの定理」という表題をもつ草稿さえ存在するのである。

＊＊＊

平成二十六年五月一日、亀井哲治郎さんと亀井さんの友人の河野裕昭さんに同行して紀見峠に出かけた。河野さんは「数学者の肖像」という新しいジャンルに取り組んでいるカメラマンである。

お昼前に難波で亀井さんと落ち合って南海高野線に乗り、天見駅で降りると、駅舎内で河野さんが待っていた。宿泊先は三十三年前と同じ南天苑である。山奥のひなびた温泉のわびしい一軒宿のような印象を持ち続けていたが、実際には古い来歴をもつ数寄屋風の建物で、平成十四年の調査により辰野金吾と片岡安《かたおかやすし》が開設した辰野片岡建築事務所が設計を担当したことが判明したという。

南天苑に荷物を置き、三人連れ立って紀見峠に向かった。晩春から初夏へと移り行く頃合いの新緑に包まれてゆっくりと歩き、鶯の声を絶え間なく聴きながら紀見峠の頂上に到着すると、ここまでが大阪府、ここからが和歌山県であることを示す二つの標識が目に入った。旧高野街道を歩き、山腹に沿う岡家の墓地を見て、馬転《うまこ》かし坂《ざか》を降りて紀見峠駅に向かうと、峠の麓に紀伊見荘があり、その先に喫茶店「サフラン」があった。サフランでいっぷくして、峠越えの感想などをあれこれと語り合った。店の人に尋ねると、開店して三十七年目になるということであった。

紀見峠駅から南海高野線に乗ると、峠の下のトンネルをくぐってたちまち天見駅に着いた。愉快で楽しい遠足の小半日であった。

平成二十六年五月十日

高瀬正仁

■初出一覧

「紀見峠を越えて」　「カンナ」昭和六十一年第一一三号〜平成元年第一二二号連載（第一一六号は休載）
「数学セミナー」平成二年七月号〜平成三年三月号連載（「カンナ」の改訂稿を転載）

「鳥道は東西を絶す」　「数学セミナー」昭和六十三年四月号「coffee break」、四十八－四十九頁。

「岡潔の晩年の夢」　「数学セミナー」昭和五十五年十月号、二－六頁

「ドイツ数学史の構想」　「数学セミナー」平成元年一月号、四十五－五十頁／平成元年二月号、六十二－六十六頁（昭和六十三年春の日本数学会年会〈立教大学〉の際に開催された現代数学史研究会〈三月三十一日〉における講演「ドイツ数学史の構想」の記録）

「岡潔とドイツ数学史」　「数学セミナー」昭和六十二年三月号「特集・数学史がおもしろい」、二十三－二十六頁

「近代数学史における岡理論」　「数学セミナー」平成八年三月号「特集・岡潔」、十六－二十一頁

「寺田物理学と岡潔の情緒の数学」　『寺田寅彦全集』（第二次、岩波書店、平成二十一年十二月）第四巻、月報四、四－八頁

高瀬正仁（たかせ・まさひと）
昭和二十六年、群馬県勢多郡東村（現在、みどり市）に生まれる。九州大学基幹教育院教授。専門は多変数関数論と近代数学史。平成二十年九州大学全学教育優秀授業賞受賞。二〇〇九年度日本数学会賞出版賞受賞。
著書：『評伝岡潔　星の章』（海鳴社、平成十五年）、『評伝岡潔　花の章』（海鳴社、平成十六年）、『岡潔　数学の詩人』（岩波新書、平成二十年）、『岡潔とその時代　評伝岡潔　虹の章』「I　正法眼蔵」「II　龍神温泉の旅」（みみずく舎、平成二十五年）、『近代数学史の成立　解析篇　オイラーから岡潔まで』（東京図書、平成二十六年）。
訳書：『ガウス整数論』（朝倉書店、平成七年）、『オイラーの無限解析』（海鳴社、平成十三年）、『ヤコビ楕円関数原論』（講談社サイエンティフィク、平成二十四年）他。

紀見峠を越えて

岡潔の時代の数学の回想

二〇一四年七月二五日初版第一刷発行

著　者　高瀬正仁
装　幀　臼井新太郎
発行者　神谷万喜子
発行所　合同会社　萬書房
〒二二二－〇〇一一　神奈川県横浜市港北区菊名二丁目二四－一二－一〇五
電話　〇四五－四三一－四四二三　FAX　〇四五－六三三－四二五二
yorozushobo@tbb.t-com.ne.jp　http://yorozushobo.p2.weblife.me/
郵便振替　〇〇二三〇－三－五二〇二二

印刷製本　モリモト印刷株式会社

ISBN978-4-907961-01-5　C0040